水蛭生态养殖新技术

王振民　马嵩　金武——著

中国海洋大学出版社
·青岛·

图书在版编目（ＣＩＰ）数据

水蛭生态养殖新技术 / 王振民, 马嵩, 金武著.
青岛 : 中国海洋大学出版社, 2025. 5. -- ISBN 978-7
-5670-4048-9

Ⅰ . S865.9

中国国家版本馆CIP数据核字第2025XM7917号

出版发行　中国海洋大学出版社
社　　　址　青岛市香港东路23号　　　　　　邮政编码　266071
出 版 人　刘文菁
网　　　址　http://pub.ouc.edu.cn
订购电话　0532-82032573（传真）
责任编辑　董　超　　　　　　　　　　电　话　0532-85902342
照　　排　青岛光合时代传媒有限公司
印　　制　青岛国彩印刷股份有限公司
版　　次　2025年5月第1版
印　　次　2025年5月第1次印刷
成品尺寸　170 mm × 230 mm
印　　张　7.25
字　　数　100千
印　　数　1～1000
定　　价　129.00元

如发现印装质量问题，请致电0532-58700166，由印刷厂负责调换。

水蛭是我国传统的特种药用水生动物，在《神农本草经》已有记载："水蛭，味咸、平。主逐恶血，瘀血月闭，破血瘕积聚，无子；利水道。生池泽。"其干制品炮制后经中医入药，具有很高的药用价值，具有治疗中风、高血压、瘀伤等功效。近些年的研究表明，水蛭素除了防治心脑血管疾病以外，对某些肿瘤亦显示出抑制作用。

水蛭的人工养殖是我国近年来发展迅速的特种水产药用动物养殖。随着我国老龄化进程不断加快，水蛭药用价值的迅速提高，加上其自然资源的日益衰竭，使得目前中药市场上水蛭缺口巨大，价格持续走高。一些特种生物养殖业者把握时机，适时开展水蛭的养殖和繁殖。目前国内水蛭养殖以宽体金线蛭为主，虽然养殖规模都不是很大，水蛭养殖配套饵料的养殖技术尚待进一步提高和完善，但仍表现出很好的市场前景和经济效益，具有投资小、见效快、效益好等优势。

鉴于目前国内水蛭人工养殖的专著较少，为了适应广大养殖者的需要，笔者结合自身十多年养殖生产实践和参考有关资料，编成《水蛭生态养殖新技术》一书，以飨读者。本书通俗易懂，操作性强，以期给读者传授水蛭的基础生物学知识和养殖操作技能，例如，水蛭的生物特性、水蛭的养殖模式、产茧孵化、幼蛭养成等。愿本书能抛砖引玉，为国内水蛭的人工养殖及资源化利用研究贡献微薄之力。

因水平有限，在编写过程中难免有不足之处，恳请广大读者批评指正。

笔者

2024 年 12 月

第一章

水蛭简介

　　水蛭是我国传统的特种药用水生动物，有中医所说的活血化瘀的作用，其干制品炮制后中医入药，在处理诸如败血症休克、动脉粥样硬化、眼科疾病以及多种缺少抗凝血酶的疾病方面，显示出巨大的优越性和广阔的前景。其主要含有蛋白质，还有脂肪、糖类、肝素、抗凝血酶等。新鲜水蛭唾液中含有一种抗凝血物质——水蛭素，能延缓和阻碍血液凝固，起到抗凝血作用。近些年，医学界新发现水蛭制剂在防治心脑血管疾病和抗癌方面具有特效。此外，水蛭还含有人体必需的常量元素及微量元素。

　　20 世纪 80 年代以前，水蛭多用于中药配方，全国年需求量为 20 ～ 30 吨，新中国成立以前用量更少，对水蛭自然资源破坏微乎其微。然而从 1989 年开始，随着水蛭药用价值的不断开发，新药的问世导致水蛭用量增加 4 ～ 5 倍，到 1999 年这 10 年间，水蛭每年的用量在 100 ～ 150 吨，成年水蛭每千克干品有 500 条左右，那么每年就要捕捉近亿条水蛭以供药用。随着我国老龄化进程加速，心脑血管疾病多发，其良好的疗效导致水蛭的用量也不断激增，2000 年水蛭用量又增加约 50 吨。截至 2014 年 11 月底，水蛭出口和国内的需求量为 800 吨左右，是 2004 年全国的需求量（200 吨）的 4 倍；我国水蛭的出口国主要是日本和韩国，每年出口量约为 200 吨。然而 2020 年受天气影响，我国人工养殖水蛭严重减产，保守产量为 400 ～ 450 吨，缺口之大显而易见。国内用药企业的代表为步长药业和以岭药业。

　　多年来，大多数入药的水蛭都是从野外采集而来的。由于近些年来环境受到严重污染，适合于水蛭生存的环境越来越少，致使水蛭的自然种群数量日趋减少，自然资源量不断减少。随着其药用价值的深度开发，其市场需求潜力巨大，人工养殖的效益也不断增加，各种新型的水蛭养殖模式也不断被开发应用。养水蛭投资小，周期短，效益高。目前国内干水蛭收购价为每千克 1800 元左右。因此人工养殖水蛭是一项很有前景的项目。2010 年以前，我国的水蛭主产区在南方；在 2010 年以后，北方地区开始养殖，近几年养殖者数量开始逐渐增加。山东、河北、江苏一带成为人工养殖水蛭的主产区。近些年清水吊干水蛭价格行情如图 1.1 所示。

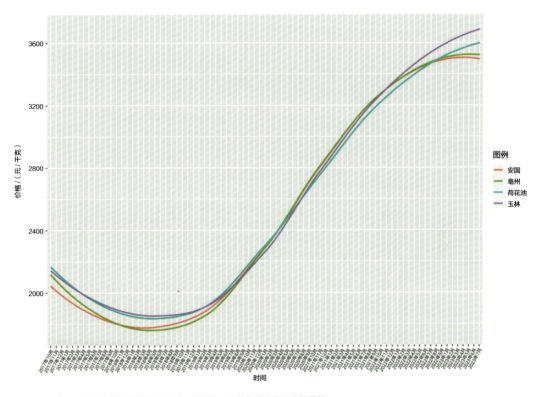

图 1.1 全国四个中药市场（安国、亳州、荷花池、玉林）清水吊干水蛭价格

第二章

水蛭的生物特性

一、分类地位

药用水蛭为环节动物门蛭纲颚蛭目动物宽体金线蛭（又名蚂蟥，*Whitmania pigra*），尖细金线蛭（又名柳叶蚂蟥，*Whitmania acranulata*），吸血水蛭（又名日本医蛭，*Hirudo nipponica*）的干燥全体。

二、形态特征

水蛭通常背腹扁平，前端较细，体形呈叶片状。身体可随伸缩的程度或取食的多少而变化。身体分节，前端和后端的几个体节演变成吸盘，具有吸附和运动的功能。前吸盘较小，围在口的周围；后吸盘较大，呈杯状。体节数目固定，但常被体表的分环所掩盖，身体的生长是通过体环的延伸加长而实现。

三、生活习性

水蛭在我国南北方均可生长繁殖，主要生活在内陆淡水水域，如水库、沟渠、水田、湖沼中，以有机质丰富的池塘或无污染的小河中最多。

（一）活动规律

水蛭生性胆小，属于昼伏夜行动物，白天一般潜伏于 70 厘米左右的水深及岸边草丛处，夜晚在水边草叶或水面悬浮物上栖息。水蛭为变温动物，冬季在泥土中蛰伏越冬。在北方，当水温 7℃左右时，水蛭常躲在由枯草结成的河边泥团里或未结冰的池水底部；次年 3—4 月，水温高于 10℃时出蛰活动。

（二）食性

水蛭以吸食动物的血液或体液为主要生活方式，常以水中浮游生物、软体动物等为主饵，如螺蛳、河蚌。人工养殖条件下水蛭则以淡水贝类作为主要饵料。截至目前，水蛭专用人工饵料虽然已有机构研发，但仍没有较大突破，相同饲养时间内食用天然饵料的水蛭的体长比人工饵料饲养的体长大很多。

（三）忍耐性

水蛭对冷热、干旱、饥饿都有很强的忍耐力，一个星期不吃食都不会死亡，在缺氧环境中血液可以合成氧气来维持生命体征。但如果水体指标长期处于较差状态下，会引发水蛭各种应激及细菌性疾病。水蛭适合在 20℃～ 30℃生长。水温超过 35℃时停止进食，长时间会造成水蛭死亡；水温低于 15℃时水蛭进食量大大减少；在水温低于 10℃时，停止进食，逐渐进入冬眠状态。

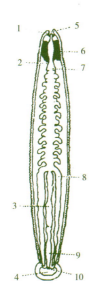

1. 颚
2. 食道
3. 肠
4. 后吸盘
5. 口
6. 唾液腺
7. 嗉囊
8. 嗉盲囊
9. 直肠
10. 肛门

图 2.1　水蛭的消化系统

四、消化系统和营养

水蛭的消化系统由口、口腔、咽、食道、嗉囊、肠、直肠和肛门八个部分组成。水蛭的嗉囊非常发达，两侧还生出多对嗉盲囊，使它们在寄主身体上吸一次就可获得大量血液或体液，并将其储存起来，供胃和肠长时间地消化吸收，所以水蛭可 2 ～ 3 天进食一次。水蛭的消化系统结构如图 2.1 所示。

五、呼吸系统和排泄系统

大多数水蛭用皮肤呼吸，其皮肤中有许多毛细血管可与溶解在水中的氧气进行气体交换，只要皮肤保持湿润，它们就可以进行呼吸。

水蛭的排泄器官是由 17 对肾管构成的。其真体腔退化，肾管被埋在结缔组织中，其中，日本医蛭的肾孔在身体的腹面，代谢物与体内多余的水分从肾孔排出。

六、神经系统和感觉器官

水蛭的神经系统与蚯蚓相似，属于链状神经系统，由咽上神经节、围咽神经、咽下神经节和腹神经索构成。它们分支成外围神经与身体表面或内部的感觉器官或感受器接触。不同蛭类的眼的数量和分布如图 2.2 所示。

水蛭的眼的结构比高等动物的眼的结构简单得多，仅由一些特化的表皮细胞、感光细胞、视细胞、色素细胞和视神经组成，视觉能力较弱，主要是感受光线方向和强度。水蛭的眼（纵剖）和感受器如图 2.3 所示。

七、生殖系统

水蛭是雌雄同体动物，异体受精，卵生，雄性部分先成熟。雄性生殖器官有 4 ~ 11 对球形精巢，从第 12 或 13 体节开始，按节排列。每个精巢有输精小管通

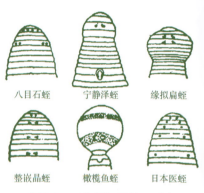

图 2.2　不同蛭类的眼的数量和分布

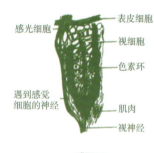

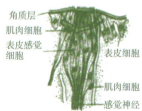

图 2.3　水蛭的眼（纵剖）（上）和感受器（下）
（引自王冲、刘刚主编的《水蛭的养殖与加工技术》，2002）

到输精管。输精管纵行于身体的两侧，到第 1 对精巢的地方，各自膨大或盘曲成为贮精囊，再通到射精管。两侧的射精管在中部汇合到一个精管盆腔，经雄性生殖孔开口于体外。

　　交配过后每条水蛭都可以繁殖，所以，在繁殖季节大部分水蛭都可以入土产茧。水蛭在每年 4 月、10 月都可以受精产茧，秋天的小苗繁殖量少，而且因为 11 月过后冬季来临，水蛭有冬眠的习性，所以秋天后小苗不再人工养殖。宽体金线蛭的生殖系统如图 2.4 所示。

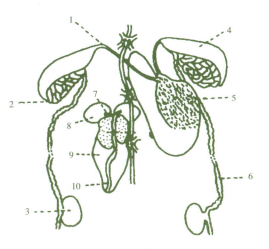

1. 射精管
2. 贮精囊
3. 精巢
4. 射精球
5. 前列腺
6. 输精管
7. 输卵管
8. 卵巢
9. 阴道囊
10. 总输卵管

图 2.4　宽体金线蛭的生殖系统

第三章

水蛭的养殖模式

一、水蛭养殖的先决要素

（一）水源要求

水蛭养殖的水源要求：不能有工业污染，比如造纸厂排污、化工厂污染、重金属污染。如果养殖水源上游有此类工厂，那么首先要化验水质，看是否达到最低水产养殖标准（水体 pH 为 6.5 ~ 8.5，氨氮及亚硝酸盐浓度在 0.2 毫克 / 升以下）。水质检测使用水质检测盒。另一个比较简单的辨别方法就是了解水中是否出现过不明原因的鱼、虾大量死亡，观察水体是否有异味，是否发黑发臭，如果有此类现象发生，说明水质有问题，要着重注意。另外，养殖场地的进排水要方便，最好靠近河流取水。取水困难时，也可用地下水，但需要备晾晒池。

（二）食物要求

水蛭属于杂食性动物，可以食贝类、水中微生物、蚯蚓等。目前人工养殖主要饲料是田螺（图 3.1），田螺需要干净、新鲜、有活力，并且保证食物投放充足。小苗开口时有条件的话最好选择漂螺，没有漂螺的话可以用小仔螺，在小仔螺也缺乏的情况下，可以把大的田螺壳敲破，供刚下水的小苗食用。

图 3.1 田螺

（三）场地选择

浅水池塘模式：一般建成池塘的面积为 2 ~ 3 亩（1 亩 ≈ 666.67 平方米），池塘深度为 1.3 ~ 1.5 米，笔者团队用到的最高水位是 1 米。笔者推荐采用池塘内放一定数量的 4 平方米的小型网箱，这种网箱可以替换清理，单位养殖面积大，配合循环框架系统产量较高。深水模式：采用吊笼方式。如果受土地限制不能建池塘，则只能选择地上刀刮布模式。养殖者可根据实际情况，因地制宜，选择适合自己的养殖模式，把投入成本降到最低，提高养殖水蛭的成活率，从而达到高产的目的。

养殖场地的选址规划：

（1）养殖场应选择靠近水源、排水方便的地方。有条件的地方可以取没有污染的河水直接使用，没有河水的地方可以用井水。如果用井水的话需要单独建一个晾晒池，先把地下水引入晾晒池内，24 小时后再使用。而且第一次使用晾晒池时需要把第一池水进行肥水（关于如何肥水下面章节会详细介绍），肥水后再将水引入养殖池内使用。

（2）养殖场应远离有噪声的大型公路、娱乐场所等。

（3）养殖场内池塘边不能有太高、太密的大树，以免影响水蛭的生长。

（4）养殖场应包括产茧池、孵化室、精养池、青年苗养殖池。为了降低成本，新手养殖者可以将精养池与青年苗养殖池合二为一，但后期如果大规模养殖的话二者必须分开。

二、水蛭养殖模式

随着养殖技术的发展更新，目前水蛭养殖有以下三种常见的模式。

（一）池塘养殖模式

这种模式是在地面上建造池塘或将现有鱼塘进行简单改造，然后在池塘内放入网箱进行水蛭养殖。此模式建议池塘面积为 2 亩左右，漏水严重的土质可以外加防渗膜。其优点是造价低，水面相对较大，在经过改进后可提高水蛭的亩产量。此模式细分的话又可以分为两种模式：一种是大池塘大网箱模式，方便管理，投资少；另一种是大池塘小网箱模式，这种模式的单位立体面大，可架设微循环框架系统，产量相对较高。大池塘大网箱如图3.2所示，大池塘小网箱（架设微循环框架系统）如图3.3所示。

图 3.2 大池塘大网箱

图 3.3 大池塘小网箱（架设微循环框架系统）

微循环框架系统是笔者团队经过多年水蛭养殖实践研发出的一套成本低，有利于网箱内外水体交换、改善水蛭底部生存环境的养殖系统。该系统由框架和微循环两部分组成。

每个池塘的面积约有 1.2 亩。为了防止池塘底部渗水，可用土工膜铺底。池塘内焊接有 14 个宽 2 米、长 20 米、高 1 米的镀锌管框架，框架底部用荷兰网铺底，保持平整，框架内绑上网箱。多个框架可以增加更多立体面，符合水蛭喜欢附着多边多角物体的生活特征，有利于增加产量。池塘中部架设 1.5 千瓦的潜水泵，将水体通过管道送入每个网箱内，每个网箱顶部留有不少于两个入水口；网箱内水体强制流出网箱，使水体实现池塘内微循环。网箱底部用孔砖抬起，离地面高度为 20 ~ 30 厘米，框架上部铺设竹板以方便观察及投喂饵料。在网箱外部中下层配有纳米增氧管，在阴天下雨或夜晚时可提高溶氧量。与常规网箱养殖相比较，微循环框架系统养殖可增产 34.8%，且各项水质指标均优于传统网箱养殖模式。微循环框架系统如图 3.4 所示。

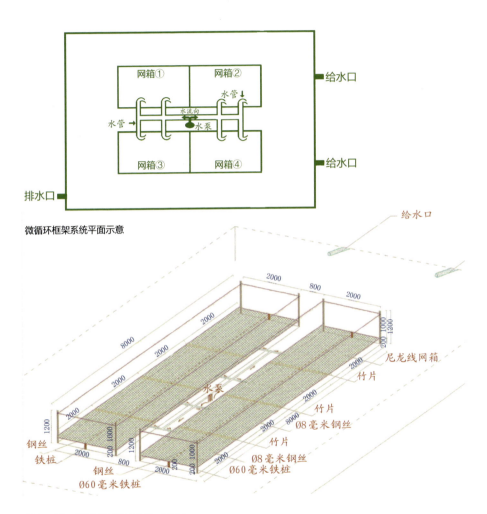

微循环框架系统平面示意

微循环框架系统立体示意（单位：毫米）

图 3.4　微循环框架系统

2020 年以后，笔者团队又改进了循环网箱的尺寸，做成 2 米 × 2 米，并且设计了网箱端角环，用弹簧与框架衔接，方便挂取，大大缩减了拆卸人工劳动量。由此养殖者可以根据水体情况随时替换清理网箱，以保证网箱内外的水体交换。可以说，此系统兼顾了浅水网箱便于管理投喂和深水吊笼方便清洗的双重优点，可以使养殖者随时动态掌握水蛭成活状况。框架网箱实物及细节如图 3.5 和 3.6 所示。

图 3.5　框架网箱实物

微循环框架系统养殖模式是在原有池塘养殖模式基础上，通过改进小型网箱框架系统，并且加装内循环设备，增加网箱内外水体交换来实现池塘内部水体微循环的养殖系统。框架设计使得养殖网箱底部抬起，食物残渣、粪便经微生物分解后全部落到池塘底部，而网箱底环境更加干净，不容易富集病原生物，从而降低水蛭养殖的发病概率。微循环框架系统本身增强了水体流动，使水体溶氧量能得到保证，养殖产量和成活率都高于普通池塘网箱养殖，该模式是一种可以广泛推广的新型生态水蛭养殖模式。

（二）地上养殖模式

地上养殖模式分为地上刀刮布养殖和地上土工膜养殖两种。因为国家土地政策严格，基本农田不准建造池塘，地上养殖模式便应运而生。此模式的一般单位箱体面积较小，后期存在调水困难的问题，对调水技术要求较高。这种模式建议单位箱体面积在 100 平方米以内，并架设山东赢舜生物科技有限公司提出

图 3.6　框架网箱细节

图 3.7　刀刮布实物

的大循环模式，将几个箱体连同蓄水池形成一个大循环，可以有效解决调水困难、换水次数多的难题。刀刮布实物如图 3.7 所示。

地上刀刮布养殖的专业设计模式基本原理是：从蓄水池抽取上层水打入各养殖池远端，然后从养殖池另一端底部回水到蓄水池。要求蓄水池抽水口跟回水口是相对两端，蓄水池水平面跟养殖池水平面一致。除此之外，养殖池再设计一排水口，以备换水时排用。蓄水池深度不低于 1.5 米，以 2 米为佳。

实现效果：每天根据实际情况，进行 2～4 次水体循环，每次循环养殖池 1/4 的水体。此模式使用后，调水全部在蓄水池内进行，还可将个别药品加入养殖池内，蓄水池起到净化水体的过滤器功能。模式优点：一是大大减少换水次数；二是大循环使营养不流失，水体稳定有肥度；三是蓄水池调水简单，效果好；四是底部回水有效改善养殖池底部环境；五是循环的同时增加水体溶氧量，改善水质。图 3.8 是笔者为一位使用地上刀刮布的养殖者

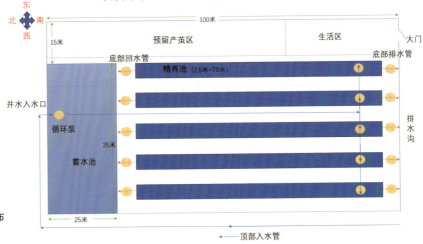

图 3.8　地上刀刮布大循环系统设计

设计制作的大循环系统，供其他养殖者参考。

（三）吊笼养殖模式

吊笼养殖模式是一种适合大水面，水体深度在 1.5 米以上的水域养殖模式，特别适合水库、湖泊、大型鱼塘等的水蛭养殖。此模式的优点是大水面调水简单，对调水技术要求较低；缺点是人工劳动量较大，不适合精养小苗，只适合养满月苗或青年苗。目前采用的敞口吊笼方便了投喂，能够减少 50% 的人工劳动量。吊笼养殖模式如图 3.9 所示。

图 3.9　吊笼养殖模式

总之，养殖场应进行整体、长远规划，避免后期由于考虑不周导致返工，浪费财力、物力。目前笔者主推的就是微循环框架网箱精养小苗，满月后将苗分入吊笼养殖，吊笼养殖密度在每笼 120 尾左右。养殖者要根据各自不同的地形特点而做出具体、科学、简便、高产的整体规划。

第四章

水蛭养殖技术

一、产茧池建设

产茧池应选择进排水方便，土质无污染及松软的单独池。且该池只做产茧用，要远离农药、化肥等污染，每年使用时间为4—5月份，其他时间可种植农作物，但不得使用化肥、农药等化学物质。土壤选择松软、富含腐殖质的干净黏土，冬季来临前需将产茧土深耕2～3遍。产茧池深耕翻晒如图4.1所示。

产茧池内的产茧土须经一个冬天的晾晒与冰冻，依靠太阳暴晒及低温冷冻，将细菌与虫卵等杀死，以有效防止螨虫及红虫等对卵茧的破坏。

用30～40目的网箱将产茧土与外界隔开，以防止种蛭外逃。产床应该在春季化冻后开始制作（图4.2），一般建议在惊蛰之前进行。其规格要求：埂宽2～2.5米，埂厚度为40厘米左右，长度不限，防逃网外围需挖取30～50厘米宽、20厘米深的排水沟，雨天积水不得漫过网底，做好产床后就可以等待种蛭的下土。在种蛭下土前还要对产茧池做漫水处理，笔者

图 4.1　冬季产茧池深耕翻晒

图 4.2　种蛭产床制作

称之为泡产床。产床浸泡 24 小时后把水放掉，再晾晒 2 天左右，种蛭即可随时下土。种蛭下土时，需用清水或 5 毫克 / 升的聚维酮碘溶液冲洗。

二、种蛭选择要求

种蛭要求个体肥大，活动能力强，体表光滑，颜色鲜艳，外表无伤，以每条 15 ～ 20 克为佳。选种要购买大型养殖场货源，防止选到泡水货、隔夜货、已产茧货，另外还要观察种蛭孕带（图 4.3）是否变黄。孕带颜色的深浅代表了孕期时间的长短，颜色越深表明种蛭越接近产茧期。当天气、水温及产床条件等达到产茧要求时，种蛭开始产茧。这里有一点需要注意：如果温度、湿度及其他环境条件有一方面达不到要求，都会影响产茧率。

水蛭为雌雄同体动物，每只水蛭体内都有雌雄性生殖器官，异体交配受精后产茧。一般雄性生殖腺先成熟，雌性生殖腺后成熟。

水蛭的交配时间受温度变化的影响。一般情况下，地温稳定在 14℃ 以上时，水蛭开始正式交配。水蛭多躲在水边土块或杂物下交配。因为水蛭是异体交配受精，所以性成熟后，在交配之前，其活动十分频繁，有发情求偶

图 4.3　种蛭及孕带

的兴奋状态。发情的特征为雄性生殖器官有突出物在伸缩活动，周围有黏液使体表湿润，这也是求偶的表现。

水蛭的交配时间大多在清晨。当两条发情水蛭遇到一起，头端方向相反，腹面靠在一起，各自的雄性生殖器官正好对着对方的雌性生殖孔，雄性伸出的细线状阴茎插入对方的雌性生殖孔内。交配时间持续 1 ~ 2 小时。水蛭在交配期间极易受惊扰，稍有惊动，两条交配的水蛭就可能迅速分开，造成交配失败或交配不充分。水蛭交配如图 4.4 所示。

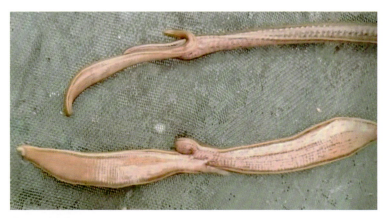

图 4.4　水蛭交配

当水蛭双方将阴茎插入对方的雌性生殖孔内，并输出精子进入受精囊内以后，交配即告结束。精子贮存在贮精囊中后，卵子并不能立刻排出而受精，雌性生殖细胞在交配后才逐渐成熟，这时贮存在贮精囊中的精子才逐渐遇到卵子而形成受精卵。从水蛭交配、受精到受精卵排出体外，形成卵茧，一般需要 20 天左右的时间。

大型养殖基地春季供应的水蛭一般都是性成熟的受精种蛭，不需要再次进行交配。每年 4 月份，在清明节前后，昼夜平均气温在 15℃ 以上时，就可引种产茧。全国各养殖场现在均采用野生水蛭作为种蛭，人工留种越冬技术目前暂不成熟，处于试验阶段。具体引种时间需要根据天气情况决定，如果想提前引种，可以增设大棚来提高温度，加快受精卵成熟。不同地区的引种时间不同，长江以南地区在 3—4 月，长江以北地区在 4—5 月。

三、种蛭投放方法

种蛭投放方法依据产茧模式分为两种，一种是带水产茧，另一种是无水产茧。

（一）带水产茧

带水产茧指在水蛭在产茧过程中可自由接触水体。其技术核心是控制好水位，不可忽低忽高。此方法的缺点是水蛭产茧后伤亡较大，种蛭回收率低，水位控制不好容易造成坏茧，挖茧时耗费人工；优点是简单方便，对产床湿度控制要求低。正确投放方法如下。

（1）提前 3 ~ 5 天将产茧池灌水，水面漫过产茧土。浸泡 1 天后，把水位稳定在距离产床地平面 1/3 处，然后在产茧土表面盖一层草帘，随时等待种蛭下土。草帘使用前要先晾晒（图 4.5）。

图 4.5　草帘使用前要先晾晒

（2）晴天的时候，将种蛭均匀放在产床表面，并适当洒水（图4.6），帮助其入土。待种蛭全部入土后，再盖上草帘，保持温度、湿度（图4.7）。

（3）次日检查种蛭入土情况，少量不健康的、未入土的种蛭可收走加工成干品，盖好草帘待产，并继续保持水位稳定。

（4）遇到大雨天时，需在草帘上加盖遮雨布，防止雨水落入产茧土。

图 4.6　种蛭入土前洒水

图 4.7　产床湿度控制管理

（5）天晴后及时掀开草帘上的遮雨布，防止温度过高导致水蛭不能正常出土。

种蛭投放密度：按照山东赢舜生物科技有限公司的产床标准，每平方米产床最多可投放 5 千克种蛭。

（二）无水产茧

无水产茧指水蛭在产茧过程中全程不接触水体。经过多年研究实验，笔者团队发现采用无水产茧模式的产茧率很高，不易坏茧，种蛭回收率高。正确投放方法如下。

（1）提前 3 ~ 5 天将产茧池灌水，水面漫过产茧土。浸泡 1 天后，把水放掉。等到土壤表层泛白后，在产茧土上盖一层草帘，等待种蛭下土。

（2）晴天的时候，将种蛭均匀放在产床上，并适当洒水，帮助其入土。待种蛭全部入土后，再盖上草帘，保持温度。

（3）次日检查种蛭入土情况，少量不健康的、未入土的种蛭可收走加工成干品，盖好草帘待产（图 4.8）。

图 4.8 种蛭入土产茧管理

（4）遇到雨天时，需在草帘上加盖遮雨布，防止雨水落入产茧土。

（5）天晴后把草帘上的遮雨布及时掀开，防止温度过高导致水蛭不能正常出土。

种蛭投放密度：按照山东赢舜生物科技有限公司的产床标准，每平方米产床最多可投放5千克种蛭。

四、种蛭产茧时间

一般在4月中下旬到5月上旬期间，平均气温为20℃以上、土壤的含水量在80%以上时，种蛭钻入产床泥土中。种蛭会从泥土上方向下钻成一个斜行的或垂直的穴道。穴道宽1～2厘米，长5～16厘米，并有2～4个分叉道。种蛭前端朝上停息在穴道中。环节部分分泌一种稀薄的黏液，夹杂着空气成肥皂泡沫状；还分泌另一种黏液，形成一层卵茧壁，包于环带的周围。卵从雌性生殖孔产出，落入茧壁和身体之间的空腔内，生殖孔再分泌一种蛋白液于茧内。此后，种蛭慢慢向后方蠕动退出穴道。在退出穴道的同时，种蛭前吸盘腺体分泌形成的栓塞住茧前后两端的开孔。

种蛭从产茧到退出穴道，需要30～60分钟。种蛭产茧步骤如图4.9～4.11所示。

卵茧外观：卵茧在初形成时为紫红色，数小时后转变成浅红色，最后变成紫色。卵茧壁逐渐硬化，壁外的许多泡沫渐渐风干，泡沫之间的膜壁破裂，只剩下一些蜂窝状或者海绵状保护层。卵茧产于60%湿度的土中，离地面2～20厘米的穴道内。每条种蛭可产1～3枚卵茧，卵茧外包的泡沫俗称卵茧包绒。卵茧包绒初形成时为白色，数小时后渐变为浅红色，最后变成浅灰色。这也是区分新茧、老茧的辨别方法之一。

第一个卵茧呈现卵形，约2.5厘米（长径）×1.8厘米（短径）；假如不计卵茧包绒，实体约2.0厘米（长径）×1.5厘米（短径），卵茧重1.0～3.0

图 4.9 水蛭产茧第一步：生殖孔分泌黏液形成卵茧壁

图 4.10 种蛭产茧第二步：将受精卵产于茧内

图 4.11 种蛭产茧第三步：退出穴道，形成栓，塞住卵茧两端

克，平均 1.6 克。卵茧如图 4.12 所示。

挖茧时机：当昼夜气温稳定在 20℃ ~ 35℃，且持续 5 ~ 7 天的时候，养殖者可以揭开草帘挖取部分产茧台，观察卵茧的大小、形状、数量。待有大部分头茧和第三个茧时，养殖者就可以准备全面挖茧，进行人工孵化工作。

从种蛭入土到挖茧，需要 15 ~ 25 天，具体天数需要根据气温确定；白天高温 35℃ 持续 3 天左右，属于产茧高峰期，一般经过两个产茧高峰期养殖者便可试挖，从而决定是否正式全面挖茧。人工挖茧如图 4.13 所示。

图 4.12　卵茧

图 4.13　人工挖茧

　　将回收的产茧后的种蛭（图4.14）洗净，用铁丝串起来，晾晒干就可以了，可适当做条型处理。一般100千克种蛭可回收50～60千克，如果种蛭回收率低，原因多为种蛭有问题或产床湿度、温度保持不当。

　　人工挖茧注意事项：小心用铲子把土扒开，把卵茧放入准备好的泡沫箱中（图4.15），并在泡沫箱上盖一层打湿的毛巾，防止卵茧因暴晒而脱水死亡。

图4.14　回收的产茧后的种蛭

图4.15　将刚挖出的卵茧装箱

五、卵茧的孵化工作

（一）孵化土的准备

春季来临之前，取干净的表层土，放在阳光下暴晒，然后用 4 毫米 × 4 毫米孔筛筛出细的粉土，放入室内通风处备用。孵化土筛选如图 4.16 所示。

（二）孵化土的水分控制

卵茧采挖前，向孵化土均匀地分层喷洒纯净水（图 4.17），然后用塑料布盖好，第二天备用土壤水分保持在 70% 左右（用手抓起一把能捏成团，摔到地上后能散开）。

（三）孵化室的要求

房间要求密封，但可随时通风，避光保持黑暗，室温可控，杜绝老鼠、蛇、蚂蚁、蟑螂等动物对水蛭卵茧的侵害。并配备温湿度仪，通过加湿器、空调来实时控制空气湿度和温度，要求空气湿度为 90%，空气温度为 27℃ 左右，最高不超 30℃。

（四）分茧工作

老茧和嫩茧要分开装箱，目的是防止出茧时间相差太大，造成出苗率低及蛭苗下水后成活率低的问题。笔者一般将卵茧分成老、

图 4.16　孵化土筛选

图 4.17　孵化土水分控制

中、嫩茧三类或老、嫩茧两类。大型养殖场因为卵茧数量较多，可以将卵茧分为两类；如果想更精细化的话，小型养殖场可将其分为三类。

卵茧的区分可从以下三个方面着手。

一是卵茧颜色。颜色呈粉红色者为嫩茧，白色或淡土黄色的为中茧，深土黄色的为老茧。

二是卵茧弹性。用手轻轻捏一下，卵茧越硬则越嫩，若弹性小，感觉像漏气的轮胎一样，则为老茧。

三是卵茧大小。个头越大偏向于老茧的可能性越大，个头越小越有可能为嫩茧。

大多数时候养殖者需要同时运用多种方法，才能准确判断出卵茧的成熟度，可参照图 4.18 对比、区分出老、嫩茧。

图 4.18　老（左）、嫩（右）卵茧对比

（五）卵茧装箱

在孵化箱内先放一层 2 厘米厚的孵化土，再放一层卵茧（图 4.19），接着放一层土（图 4.20）；依次类推，每个孵化箱建议不超过两层卵茧。最后在孵化箱上面盖一层保湿棉布，将孵化箱放入孵化室（图 4.21）。

孵化箱放入孵化室后，在棉布表面洒水，控制孵化室内温度为 25℃ 左右，空气湿度为 80% 左右，并每天通风 1 小时左右。每天根据湿度在室内及棉布上洒水，以棉布不滴水为原则。幼苗形成初期在卵茧内以乳白色奶块（俗称卵黄）状营养液为食，吃完后爬出卵茧。温度适宜情况下，一般经过 15 ~ 20 天就可孵化出水蛭幼苗。

未成形幼苗如图 4.22 所示，半成形幼苗如图 4.23 所示，已成形但未成熟幼苗如图 4.24 所示，成熟且已达到下水条件幼苗如图 4.25 所示。

根据以下几方面判断幼苗的出茧时机。

（1）观察卵茧颜色变成灰黄色。

（2）用手捏卵茧，非常柔软。

（3）将卵茧剥开后观察幼苗颜色为紫色。

（4）卵黄剩余不多，而且剩余卵黄为乳黄色布丁状。

（5）结合天气、孵化时间，大部分卵茧都

图 4.19 卵茧装箱示意图一

图 4.20 卵茧装箱示意图二

图 4.21 将孵化箱放入孵化室

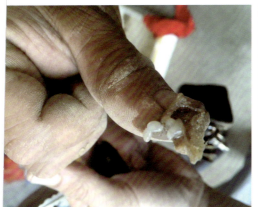

图 4.22 未成形幼苗

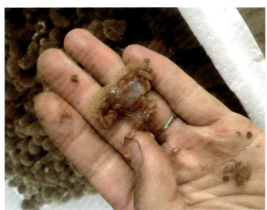

图 4.23 半成形幼苗,剩余大部分卵黄

图 4.24 已成形但未成熟幼苗

图 4.25 成熟且已达到下水条件幼苗

具备以上这几种情况就可下水。

具体的出苗时机可结合挖茧时机、卵茧成熟度、孵化温湿度、孵化时间等各因素综合判断,最后剥开卵茧获得的小苗成熟度为 70% 以上即可下水。

(六)水蛭养殖中的调水

在小苗下水之前,养殖者需要了解水蛭养殖中的调水知识。

水蛭养殖关键是要调好水,即"好水出好蛭"。没有一个好的水环境,水蛭养殖就无法做到高产。水环境的组成主要分为菌相、藻相两大部分。好

小苗放入水中（图 4.27）。

笔者通过养殖摸索，正在申请一项发明专利——卵茧 48 小时高效下水方法。此方法是目前国内有效且出苗率较高的方法之一。卵茧孵化成熟后，运用此方法进行卵茧下水的具体步骤讲解如下。

第一步，用筛网将卵茧与孵化土分离，尽量筛选干净，如图 4.28 所示。

第二步，将卵茧置于含 3% 的聚维酮碘池水中，洗涮 15 秒左右，消毒清洁卵茧皮表面，如图 4.29 所示。

第三步，将清洗干净的卵茧倒入泡沫箱盖凹槽内，铺满两层卵茧，如图 4.30 所示。

第四步，把装有卵茧的泡沫盖放入养殖池内，并使泡沫盖内装满养殖池水，直到水体溢出，如图 4.31 所示。

第五步，卵茧经过 4 小时的浸泡后，将其倒入漏筐内，将泡沫盖上附着的小苗放入水内，如图 4.32 所示。

第六步，将卵茧皮放入水中冲洗，把附着的大部分小苗冲入水中。如图 4.33 所示。

图 4.27　人工下水小苗

图 4.28　卵茧筛土

图 4.29　卵茧表面消毒

图 4.30　将卵茧倒入泡沫箱盖凹槽内

图 4.31　卵茧泡水

图 4.32　将卵茧倒入漏筐中泡水

图 4.33　将卵茧皮表面的小苗清洗干净

　　第七步，将装有卵茧皮的漏筐吊起，悬置于水面上方 30 厘米处，如图 4.34 所示。

　　第八步，在吊起的漏筐表面铺一层纯棉绒布，白天每隔 3 小时往绒布上洒透水，晚上不用洒水，剩余小苗出茧后直接入水。具体如图 4.35 所示。

　　第九步，从卵茧入水算起，经过 48 小时后，将卵茧收集检查，将个别卵茧中存在的小苗取出放入水中。

图 4.34　装有卵茧皮的漏筐吊置

图 4.35　卵茧日常维护

此方法相比传统方法，有以下几个优点。

（1）卵茧经过筛土、消毒后，可有效防止有害细菌、真菌等进入养殖水体。

（2）将卵茧直接浸入水中，可充分刺激 90% 的小苗出茧。

（3）卵茧经过 4 小时浸泡后取出，可有效防止小苗卡茧绒现象发生。

（4）卵茧皮用漏筐吊起并持续洒水，可刺激剩余少数小苗入水。

（5）小苗经过 48 小时自然入水后，人工对卵茧中剩余的 1% 的小苗进行最后的检查。

（6）小苗下水后的 1 ~ 5 天，除投喂食物（图 4.36）外，还需每天泼洒营养液及藻类、菌类（详细作法参考小苗下水前操作步骤"培育水体—投喂物—强化营养—减少应激"）。

第一天：在晴天上午，加入肥水精华、EM 菌、泡过 1 天的硅藻（河水可不用）。

第二天：加入芽孢杆菌、肥水精华、抗菌肽。

第三天：加入噬菌王、乳酸菌或光合细菌。

第四天：需要选择晴天的上午，用 EM 菌和底巧（菌复合酶制剂）进行改底（改善池塘底部环境）。

图 4.36　小苗下水 2 天后投喂开口饵料

第五天：芽孢杆菌配合碳源（红糖或低聚糖）泡 2 小时后泼洒。

第五至七天：观察小苗有无脱皮现象，泼洒多维元素片、离子钙，（用前先换掉 1/3 的水）连用 3 天。

第八天：加入抗菌肽、离子钙、噬菌王、底巧改底。

在此期间，如果遇到下雨或阴天，应禁用好氧菌种；下雨天需泼洒激安 C 和多维元素片（或低聚糖），并且在晴天后解毒，雨后第二天改底。

第 11 天：第二次泼洒离子钙，连续泼洒 3 天。小苗下水 10 天后的生长情况如图 4.37 所示。

图 4.37　小苗下水 10 天后的生长情况

小苗下水 7 ~ 13 天时，根据水质情况，适当换水，需要交替泼洒各种菌类、改底等水产用药，并根据天气情况选用部分果酸类解毒产品。换水一般选择在天黑以后，水体正常情况下应减少人为搅动，防止水体环境失衡。

第 15 天：根据水质情况进行第二次换水，换水量在 1/2 或 1/3。

第 16 天至 30 天按之前步骤再进行循环操作。

精养期间要注意以下几点：水体要保持一定肥度；提前改底；防止青苔滋生；尽量减少换水次数；非常有必要设置循环系统、增氧系统、框架系统。

连续阴雨天，注意小苗的水体抗应激，用好乳酸菌、抗菌肽，可以每隔 3 天左右换少量水来防止倒藻现象。

遇突发情况，如倒藻、暴发蓝藻，当天晚上要将水全部换掉，第二天解毒培水、培菌；遇到细菌、真菌或病毒问题，要先消毒，后换水解毒、改底、培水、培菌。

在水产用药方面，笔者推荐山东宝来利来的产品，该厂已建厂 20 多年。在藻类方面，笔者推荐天津藻润的产品，该厂硅藻产品质量很好且价格也不是太贵。

以上是大体的调水思路及方法，特殊情况下需要结合调水知识进行处理。写出具体操作步骤的目的是希望给予养殖者参考。养殖者在具体操作过程中不能生搬硬套，要做到活学活用，提高随机应变的能力。

七、青年苗培养

在小苗精养 25 天后，便可以分池，分入青年苗养殖池，进行最后一个阶段的生长。小苗分池按每平方米 120 尾的密度投放，如果采用笔者前面讲到的微循环框架系统模式的话，最高可达每平方米 150 尾。

养殖池要选在进排水方便、向阳、无污染的土地上。养殖池的大小一般为 2 ~ 3 亩，池底保持平整，池水深度应该在 1 ~ 1.2 米，池高约 1.5 米；高位进水，低位排水；外部排水沟应该低于池底，以便排水顺畅；池内网箱应选择宽 2 米，长 10 ~ 15 米，面积为 20 ~ 30 平方米，网箱太大或太小都会影响水蛭生长；网箱之间的距离应在 50 厘米以上，以便观察及投喂食物；笔者推荐架设微循环框架系统，此系统能大大增加小苗的产量。经过试验得出，未架设微循环框架系统的池塘管理麻烦，水体交换效果不好，换水不彻底，容易长青苔；应用微循环框架系统模式有利于水体交换，改善水蛭生存环境，抑制青苔生长，且日常管理简单，可从根本上提高水蛭产量。未架设微循环框架系统的养殖池如图 4.38 所示，架设微循环框架系统的养殖池如图 4.39 所示。

小苗分池前应先对池塘进行消毒处理，全池泼洒聚维酮碘，3 天后重新注水，然后解毒。再进行培水操作，需要先提前 5 ~ 10 天向养殖池注水，

图 4.38　未架设微循环框架系统的养殖池

图 4.39　架设微循环框架系统的养殖池

并肥水，让水色达到养殖标准，透明度为 30 ~ 40 厘米。注水选在傍晚或晚上，白天尽量减少注水次数。第一天注水后需要迅速泼洒氨基酸类肥水膏、EM 菌、利生素，并可在晴天的上午将发酵后的牛粪装袋后放入池内。第二天追加肥水膏、EM 菌。第三天根据水色决定是否继续肥水。具体步骤跟小苗下水前的步骤是一样的。在放苗前 4 天，应放入适量田螺，并追加肥水膏、利生素；放苗前 2 天，泼洒多维元素片、乳酸菌；放苗前 1 天，泼洒噬菌王、维生素 C；满月苗下水时，小苗按每平方米 120 ~ 150 条的密度分池，分池后正常 3 天左右投喂一次田螺，每次每亩投放 75 ~ 100 千克。

青年苗的管理比较简单，主要是调水、换水、观察天敌；遇到阴雨天，需要加入维生素 C、多维元素片、肥水膏等稳水，晴天后需要解毒、肥水。

分池 1 个月后的日常管理：每 7 天需要各使用一次 EM 菌、乳酸菌、芽孢杆菌、噬菌王；每 5 天左右需要使用一次离子钙；每 10 天左右需使用一次底改。具体如何调水不是一天两天能掌握的，需要养殖者多学习、多观察，最终做到活学活用。

第五章

水蛭养殖过程中常用的 7 种有益菌

一、光合细菌

光合细菌（图5.1）是国内最早被用于水产养殖的细菌制剂。光合细菌是一些能利用光能进行不产生氧的光合作用的细菌。与绿色植物的光合作用不同的是，光合细菌的光合作用是不产生氧的。

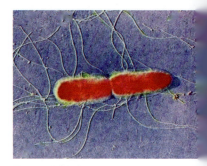

图5.1 光合细菌

光合细菌在自身繁殖过程中能利用小分子有机物做碳源、供氢体，利用水环境溶解氮（如氨、硝酸盐、亚硝酸盐等）做氮源合成有机氮化物，因此可消耗水中的小分子有机物、氨、硝酸盐、亚硝酸盐，起到净化水质的作用。光合细菌能分解小分子有机物，但不能分解大分子有机物，所以不能用红糖激活。因此，有些养殖者在遇到养殖水体中亚硝酸盐含量过高的问题时，采用加入光合细菌的方法是有效果的。

光合细菌不能利用水环境中的一些大分子有机物，水体中的大分子有机物（如蛋白质、脂肪、糖）必须先由其他微生物（如枯草杆菌、芽孢杆菌、乳酸菌、酵母菌、放线菌、硫化菌）分解成小分子有机物（如氨基酸、低级脂肪酸、小分子糖）后才能被光合细菌分解利用，因此在利用光合细菌净化水质时应配合使用其他有益菌。养殖者在水蛭养殖中使用日常用菌时，最好几种配合使用，可达到事半功倍的效果。培养的光合细菌如图5.2所示。

光合细菌改良水体的过程通常是在光合作用下完

图5.2 培养的光合细菌

成。一般情况下光合细菌对可见光或光能见度较高的水体表层（30 ～ 50 厘米）水质具有较好改良效果，而对光能见度较低的较深或深水层以及难见光的池底部分，因为光合作用难以进行，所以难以产生良好的改良效果。

二、芽孢杆菌

芽孢杆菌（图 5.3）属于革兰氏阳性菌，好氧，能产生孢子，是一类具有高活性的消化酶系、耐高温、抗应激性的异养菌。水蛭养殖中用得最多的是枯草芽孢杆菌。

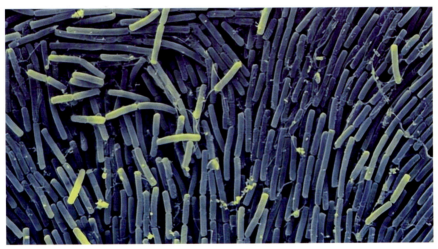

图 5.3　芽孢杆菌

芽孢杆菌可以降低水体中硝酸盐、亚硝酸盐的含量，从而起到改善水质的作用。枯草芽孢杆菌在代谢过程中可以产生一种可抑制或杀死其他微生物的枯草杆菌素，从而改善水质。芽孢杆菌生长繁殖过程中是需要耗氧的，所以在使用时要注意增氧。

水产养殖中购买的芽孢杆菌处于休眠状态，需要活化（加红糖等）。芽孢杆菌在繁殖过程中分泌大量的淀粉酶、蛋白酶和脂肪酶，能迅速降解残留饵料和排泄物，在池内其他微生物的共同作用下，使其大部分进一步分解为水和二氧化碳，小部分成为细胞合成的物质，从而起到净化水体的作用。

在养殖过程中，如果遇到亚硝酸盐浓度高的情况，笔者建议将光合细菌、芽孢杆菌和硝化细菌等配合使用，而且平常就需要尽早采取相应措施来预防亚硝酸盐超标问题发生。

三、硝化细菌

能消耗还原态的无机氮化合物进行无机营养生长的细菌称为硝化细菌（图 5.4）。硝化细菌是化能自养型细菌，隶属硝化细菌科。硝化细菌科由亚硝化细菌和硝化细菌两个生理群组成。亚硝化细菌完成 NH_4^+ 到 NO_2^- 的转化，而硝化细菌完成 NO_2^- 到 NO_3^- 的转化，从而使对水生动物有毒的氨态氮和亚硝酸盐转化为对水生动物无毒的硝酸盐。硝化作用是一种氧化作用，在溶氧量充足的条件下效率最高。

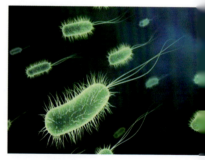

图 5.4　硝化细菌

在水蛭养殖过程中遇到水体亚硝酸盐浓度高的时候，很多养殖者采用加入过硝化细菌的方法，得到的效果却不如预期，其原因有以下两点。

一是溶解氧，如果想要硝化细菌进行的硝化作用效率高的话，需要满足溶解氧充足的条件。

二是硝化细菌的繁殖很慢。

硝化细菌的繁殖有多慢呢？相关资料显示，硝化细菌每 20 小时才能繁殖一代。所以当遇到水体的亚硝酸盐浓度偏高的时候，采用硝化细菌来解决问题，那么短时间内收到的效果不大。而将硝化细菌用在预防亚硝酸盐超标问题上的效果会比较好。笔者建议在清理完池塘后，从小苗入水开始就定期泼洒硝化细菌。

很多养殖者会碰到亚硝酸盐超标的问题。笔者认为应以预防为主，特别是在水蛭生长的中后期，随着饲料的增加、粪便的增加，水中的残留物已经难以分解，亚硝酸盐超标问题就出现了。要解决亚硝酸盐超标问题，控制饵料投喂量是源头，有益菌的使用对于降低水体亚硝酸盐含量也很关键。

硝化细菌还有一个特点就是，它属于附着性细菌，必须附着在物体表面才能很好地发挥作用。另外，有机物过多、pH 低、溶氧量低（低于 2 毫克 / 升）、温度低等都会抑制硝化细菌在水体中的浓度。

四、酵母菌

酵母菌（图 5.5）与细菌不同，它具有真正的细胞核，属于单细胞真菌类微生物。酵母菌在有氧和无氧的环境中都能生长，即酵母菌是兼性厌氧菌。在缺氧的环境中，酵母菌把糖分解成酒精和水；在有氧的环境中，它把糖分解成二氧化碳和水。在有氧的环境中，酵母菌生长较快。

酵母菌喜欢生长于偏酸性环境中，可以在水生动物消化道内大量繁殖。酵母菌的大量繁殖和生长，使其

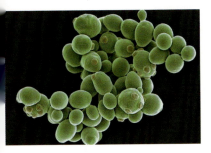

图 5.5　酵母菌

在与有害菌的生存竞争中成为优势种群，抑制有害菌的生长。酵母菌能增强水产动物的消化能力和免疫力。在水蛭养殖中，采用正确的方法适量添加酵母菌可以提高水蛭的产出量和质量。

五、噬菌蛭弧菌

噬菌蛭弧菌（图5.6），也叫蛭弧菌，是一种寄生于其他细菌的细菌（也可无寄主而生存），能以自身的吸附器附于寄主菌的细胞壁上，并迅速钻入寄主细胞内，利用寄主菌的营养生长、繁殖，最后可导致寄主菌裂解。它有类似噬菌体的作用。

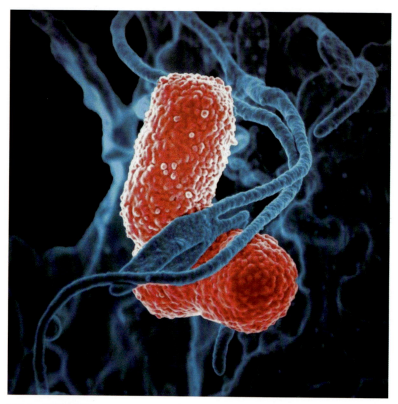

图5.6 噬菌蛭弧菌

正如它的名字一样，噬菌蛭弧菌就像一个杀手，它会杀菌。噬菌蛭弧菌对寄主有选择性，专以弧菌、假单胞菌、气单胞菌、爱德华氏菌等革兰氏阴性菌为寄主。

六、EM 菌

EM 为有效微生物群的英文缩写，EM 菌是由光合细菌、乳酸菌、酵母菌、放线菌、丝状菌五大类菌群中的 80 余种有益菌种复合培养而成。不同生产厂家的 EM 菌配方有所不同。

EM 菌进入水体后，能抑制病原微生物和有害物质，促进浮游生物的大量繁殖和提高水中的溶氧量，保持养殖水体的生态平衡，净化养殖池塘中的排泄物和饵料残渣，改善水质和底质，从而降低养殖动物疾病的发生率。

七、乳酸菌

乳酸菌（图 5.7）属于厌氧菌，生活在养殖池底部，可分解饵料残渣、粪便。乳酸菌主要有以下几方面的作用。

（一）改善肠胃功能

乳酸菌可以进入水蛭的胃、肠，并能在胃、肠内生存，形成肠道保护层，刺激肠道分泌抗体，提高肠道免疫力，阻止病原体的侵袭；促进水蛭胃液的分泌，增强其消化功能和食欲。

图 5.7　乳酸菌

（二）提高水环境质量

水产养殖活动会产生大量废弃物和代谢产物，这些物质会使水体中的氨氮、亚硝酸盐等物质浓度升高，影响水质。乳酸菌能够通过分解这些废弃物和代谢产物产生有益的有机酸和其他物质，降低水体 pH 和氨氮、亚硝酸盐等有害物质的浓度，改善水质。

（三）抑制病原体生长

乳酸菌对一些常见的水产养殖病原体具有一定的抑制作用，如对霍乱弧菌、副溶血性弧菌、铜绿假单胞菌等有一定的抑制作用，并能够提高水产动物的免疫力，减少疾病的发生。

在水蛭养殖中，养殖者要学会灵活运用以上几种细菌，可收到意想不到的效果。

第六章

水蛭养殖投入品常规使用方法

在水蛭养殖中的用药有 EM 菌、乳酸菌、芽孢杆菌、光合细菌、噬菌王、肥水精华素、有益藻种、维生素 C、硬壳离子钙、低聚糖、中草药、抗菌肽、过硫底改剂、臭氧、盐、纳米银、聚维酮碘等。它们按作用大体可分成益生菌、肥水原料、有益藻种、中草药、化学制改底剂、消毒剂、免疫增强剂等类别。

其中，乳酸菌、光合细菌、小球藻是最常使用的养殖投入品。这几种投入品都可以由养殖者自己培养后使用，且可以重复使用，可以减少养殖成本。下面介绍几种扩培方法。

一、乳酸菌扩培方法

将菌种、红糖、井水按 1∶5∶100 比例混合配制培养液，注意配制前要用清水把桶刷干净，不能用洗洁精，水温不超过 35℃。扩培液配好后，每天早晚用木棍各搅动一次，连续搅动 3 天，3 ~ 5 天后闻到酸甜味道说明扩培成功。培养液表面有土黄色泡沫或白色膜属正常现象，一般可存放 1 ~ 2 个月，只要无异味。保持酸甜味都可使用。每亩用 1 升培养液，可按比例少量多次扩培。图 6.1 为乳酸菌扩培。

图 6.1　乳酸菌扩培

二、小球藻扩培方法

（一）小球藻扩培时需要注意的问题

（1）小批量培养绝对不可以直接阳光照射培养。

（2）单容器培养量在 50 升以上可进行阳光培养，而且还必须注意控制温度，培养液温度不可超过 30℃。

（3）灯光培养容器采用 5 升以内透明容器，室外阳光培养采用 50 升以上的容器。室外培养必须在晴天的上午接种。

（4）养殖者进行第一次室内少量培养时不能充气，每天摇动培养容器 1 ~ 2 次，而且培养液明显变绿以后就不能再光照培养，以防培养过度导致小球藻变黑死亡。室内扩培成功的藻种有一定数量后，尽量进行室外阳光照射大批量培养。因为阳光才是小球藻培养所需要的最理想的光。大批量培养小球藻时，一定要充气。室内反复扩培容易造成藻种提前退化，变黑变臭。

（5）充气时间：光照好的晴天白天充气，晚上、阴天、雨天无须充气。

（6）小球藻培养成熟以后要及时使用，留部分藻种继续加水、加培养基扩培，如果培养的藻种暂时不使用，就必须放室内阴凉处保存，不能一直放在室外，否则会老化变黑死亡。

（二）小球藻培养使用教程

1. 培养流程

小球藻的培养需要注意的是温度和培养时间的控制。藻种培养的适宜温度范围是 10℃ ~ 32℃，最适宜温度范围是 25℃ ~ 28℃，极限温度是 34℃，超过 34℃藻种在 1 小时内基本全部死亡沉淀。但是，沉淀后排出上清液体，重新加水和培养基，调整到合适的温度后培养小球藻，其密度也可以恢复正常。一般来说，在合适的光照条件下培养 48 ~ 72 小时小球藻会达到生长高峰，这个时候藻液要么继续扩培，要么使用，要么保藏在室内阴凉处，否则随着时间的推移小球藻密度反而会下降。

2. 藻种的使用方法

藻种和水的比例按 1∶4 的比例，即 1 千克藻种加 4 千克水配制成 5 千克混合培养液。大规模室外阳光培养也可以按 1∶9 甚至是 1∶20 的比例。室外培养一定要选择连续 2～3 天晴天接种。

3. 培养基的使用方法

按培养基 A 3.5 克 / 升、培养基 B 0.6 克 / 升的浓度添加培养基。注意：在加入培养基之前要先把藻种和水按比例混合好。

4. 光源和培养方式的选择

添加好培养液以后，需要少量光照，第一次扩培尽量使用人工光源，建议使用 40 瓦节能灯（白光），注意一定要用老式节能灯（螺旋形节能灯）。如果没有 40 瓦的，用两个十几瓦或者 20 瓦的也可以。在最低气温达不到 25℃ 的季节，建议使用纸箱加小型暖风机，使用温控开关控制好培养温度。

具体做法：将温控开关接在暖风机上面控制暖风机的工作，设定停止温度 28℃，开启温度 25℃。按以上做法操作，培养成功率能达到 100%。灯泡和培养瓶的距离为 5 厘米左右，具体的距离可灵活掌握。例如，如果发现藻黏附在瓶壁上，就说明距离太小了，可以将距离调大点；如果藻生长缓慢，则可以将培养瓶到灯泡的距离调小点。培养过程中藻类有沉淀现象是正常情况，每天搅动几次藻液即可。

5. 规模化培养

室内的藻种扩培到一定的数量以后，比如 20 千克以上，就可以选用自然光培养的方式批量化生产了。笔者推荐使用半透明的白色桶，容量为 100～200 升的最好，如果容量太大了，则光照弱，培养的藻生长慢。夏天的时候注意控制温度，可以搭建一个遮阴棚，或是可以选择更大一点的桶，500 千克到 1 吨的桶在夏天高温强光天气比较有培养优势。大容器培养时，可以使用一个小型的潜水泵每天早、中、晚各开机 1～2 小时搅动藻液。一般 200 升的桶中加入一个 7 ~ 15 瓦的潜水泵就可，可以定时搅动，也可以全天搅动。

6. 充气

室内灯光下少量培养不需要充气，室外太阳光下大量培养才需要充气。原则上不需要全程充气，可以用定时开关间隔充气，每间隔 1 小时充气 1 小时。如果人力少不方便操作，也可以全程充气。充气有利于小球藻的稳定生长。不充气虽然也可以正常培养小球藻，但是容易造成小球藻发黑死亡的现象。

7. 原生动物防治

如果培养过程中出现一定数量的原生动物，可以按每升培养液中加入 10 毫升的福尔马林溶液。连续加 2 天，则可获得很好的杀灭效果。

8. 藻种的保存

藻液培养好以后，要尽快使用，如需要保存，应及时转移到室内阴凉处密封保存。如果藻液培养成熟后不及时使用，又未妥善保存而任其自然生长，很容易导致藻液发黑变臭从而失去使用价值。

（三）藻培养过程管理

（1）在池塘消毒清塘后，水质清，其他藻类还没有生长的时候，投放培养好的藻种，可以达到事半功倍的效果。在这种情况下，在晴天的上午，藻种按每亩 20 ~ 50 千克的量配合施肥，比较容易定植到池塘中并形成绝对的优势地位，以后正常施肥调水就可以，管理好的情况下藻可以维持很长的使用周期。

（2）平时消毒和倒藻后水质比较瘦且难肥的情况下，可以在解毒或是换掉一部分水以后，在晴天每亩投放藻种 20 ~ 50 千克，并配合施肥。

（3）藻液日常的使用量可以为每亩 5 ~ 10 千克，间隔 3 ~ 5 天一次，条件适宜的时候可形成藻类的自然优势。

（4）机械化程度高的池塘、小水体池塘，比如高位池、大棚虾塘等更容易形成优势，发挥藻类定植的作用。

（5）在晴天的上午藻种结合施肥使用。如果是新鲜培养的藻种无须开动增氧机；如果是保存浓缩过的藻种则需要兑水撒入池塘后，开增氧机几小时。藻种投放后的 3 天内，每天早、中、晚开增氧机 1 小时。

三、光合细菌扩培方法

（一）光合细菌的培养操作教程

1. 光合细菌 5 千克菌种起步培养流程

第一次：5 千克菌种加水 20 千克，加培养基 220 克，可培养出 25 千克光合细菌。

第二次：25 千克光合细菌加水 75 千克，加培养基 680 克，可培养出 100 千克光合细菌。

第三次：100 千克光合细菌加水 400 千克，加培养基 5 包，可培养出 500 千克光合细菌。

第四次：培养出 500 千克以后，如果需要再培养更多的菌种，那么继续按比例培养即可；如果已经够用了，那么留足下次培养所需要的菌种即可。

2. 光合细菌 20 千克菌种起步培养流程

第一次：20 千克菌种加水 80 千克，加培养基 1 包，可培养出 100 千克光合细菌。

第二次：100 千克光合细菌加水 400 千克，加培养基 5 包，可培养出 500 千克光合细菌。

第三次：培养出 500 千克以后，如果需要再培养更多的菌种，那么继续按比例培养即可；如果已经够用了，那么留足下次培养所需要的菌种即可。

3. 光合细菌液配制说明及注意事项

1）培养用水源的选择

一般含杂菌较少的清洁淡水、海水都可以作为培养用的水源，如井水、河水、自来水、蒸馏水和纯净水，甚至干净的池塘水也行。但是某些地区的井水特别是深井水重金属元素比较高，接种后培养的光合细菌会发黑，要先进行少量的试培养后才可大规模使用。

也可选择水源清洁的地表水，如河水；含氯量较高的自来水应敞口放置几小时或调 pH 至偏碱后使用，大部分地区的自来水直接使用也是可以的；蒸馏水及纯净水固然很好，但成本太高，可用于提纯菌种。

2）培养用容器的选择

培养用容器必须为透明且清洗干净的容器，透明的容器可让光合细菌最大限度地吸收到充分的光线。少量培养可选用饮料瓶、食用油壶等，规模培养可选用透明塑料桶、透明塑料袋等。

3）菌种的接种量

菌种的一般接种量为 20% ~ 50%，即培养液与菌种的比例为 4 ：1（4升培养液加 1 升菌种）到 1 ：1（1升培养液加 1 升菌种），接种量最低不能低于 20%。

接种量越高，光合细菌菌种越容易形成优势菌群而抑制其他杂菌生长，培养速度快，且培养成熟的浓度更高，但产出效率也越低，光合细菌易老化。

接种量越低，培养产出效率越高，但如果接种量低于 20%，光合细菌不容易形成优势菌群，在培养初期易感染杂菌，导致培养的成功率低。

如果室内灯光培养，笔者推荐的接种量为 20%；如果用阳光培养，推荐的接种量为 25% ~ 40%。

4. 培养方法

根据培养光合细菌的数量，培养方法可分为少量培养和规模培养；根据光照光源的不同，可分为灯光培养和阳光培养。

1）少量培养

如果初次接触光合细菌，手上用于培养的菌种数量少，或者平时光合细菌用量较少，养殖者可以采用少量培养的方法。

少量培养多使用白炽灯泡作为光源，因为用白炽灯泡光照强度稳定，培养出来的光合细菌质量好，菌液浓度高，颜色鲜艳，可用作规模培养用的菌种。

少量培养的方法非常简单，在气温高于 30℃时（如夏季或春、秋季里较热的日子），如图 6.2 所示，只需将菌液瓶（透明塑料瓶）围成一个圈，中间吊一个 40 ~ 100 瓦的白炽灯泡 (钨丝灯，可发热的)，灯泡与菌液瓶距离为 10 ~ 20 厘米，准备一个温度计监测培养温度，控制培养温度在 30℃~ 38℃。

插电

菌液瓶

图 6.2　气温高于 30℃时少量培养光合细菌

在气温低于 30℃时（如冬季或春、秋季里较冷的日子），养殖者可以使用纸箱对菌液进行保温培养，或用塑料布将全部菌液和灯泡遮盖起来以保温。使用纸箱培养，用白炽灯泡作为光源对菌液进行光照，同时灯泡本身发热，纸箱起保温作用，可提升纸箱内温度。

制作培养用纸箱：如图 6.3 所示，准备一个纸箱（如电脑纸箱），纸箱顶部开一小半口（方便取放菌液瓶），纸箱中间悬挂一个 40 ~ 100 瓦的白炽灯泡（钨丝灯，可发热的），在纸箱侧边钻一个小洞，从小洞中插入一支温度计（方便掌握箱内温度）。

箱内控制培养温度在 30℃~ 38℃。温度太高时可以在纸箱上开一个孔

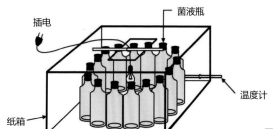

图 6.3 气温低于 30℃时纸箱保温培养光合细菌

散热或敞开培养；温度低的话，可以用旧衣服、旧棉被等加以包裹以提升箱内温度。

以下是笔者用某厂家的不同瓦数的白炽灯泡测试的光照强度结果（不同生产厂家生产的同瓦数灯泡的光照强度会有差距，测试结果仅供参考）。

① 40 瓦白炽灯泡：距灯泡 10 厘米处的光照强度为 1700 勒克斯左右，距 20 厘米处的光照强度为 600 勒克斯左右。

② 60 瓦白炽灯泡：距灯泡 10 厘米处的光照强度为 4900 勒克斯左右，距 15 厘米处的光照强度为 2600 勒克斯左右，距 20 厘米处的光照强度为 1700 勒克斯左右。

③ 100 瓦白炽灯泡：距灯泡 10 厘米处的光照强度为 6700 勒克斯左右，距 20 厘米处的光照强度为 3200 勒克斯左右。

少量培养说明及注意事项：

① 灯泡与菌液瓶的距离为 10 ~ 20 厘米，距离太大则光照强度太弱，距离太小则光照太强。

② 控制培养温度在 30℃ ~ 38℃（菌液温度在 28℃ ~ 35℃），最高不超过 40℃，最低不低于 25℃。

③ 菌液瓶至少每天摇动 2 次 (使用优质的菌种则不需要摇动)。

④培养好的光合细菌，可以当菌种用，持续培养下去，不会老化或退化。菌种要保存好，放在阴凉干燥有光线的地方，同时要注意：夏天 1 个月、其

他季节 2 个月要转培养一次，以保证菌种活力。

室内袋装菌液灯光培养如图 6.4 所示。

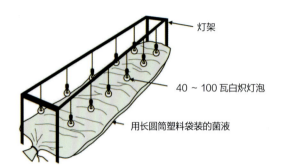

灯架

40 ～ 100 瓦白炽灯泡

用长圆筒塑料袋装的菌液

图 6.4 室内袋装菌液灯光培养

2）规模培养

在地面制作小池子，将塑料培养袋固定在里面（也可以用木方来固定），将菌液装入塑料培养袋中（可以使用虾苗袋子），把塑料培养袋两头密封好，开始培养。

使用 60 ～ 100 瓦白炽灯，灯与液面距离为 20 厘米左右，每平方米设置 2 ～ 3 个白炽灯，室内设置加热装置（夏天则不需要，主要是冬天需要加热），北方有暖气片，南方可以使用煤炉（注意用管道把煤燃烧后产生的气体排出室外），也可以用电热丝。

这种方法的缺点是无法搅拌菌液，因此只能静止培养菌液，培养时间稍长一点。

3）阳光培养

如果培养的光合细菌是养殖者自己的池塘使用，则可以采用简便一点的方法，即阳光培养。

通过以上操作配制好光合细菌菌液后，就可以对菌液进行阳光照射。这样，光合细菌既可以从培养基中吸收营养物质，又能获得光照的能量，从而满足其生长所需要的条件，就能够快速生长和繁殖。

　　在阳光下，菌液中的光合细菌开始生长，它本身呈现的红色会越来越深，菌液也会越来越混浊；几天后，菌液变成深红色并呈混浊状态即为成熟，此时 pH 为 8.0 ～ 9.0。

　　如图 6.5 所示，用阳光作为光源培养，只需用一个大的不易破损的塑料袋装好菌液（使用阳光培养时，塑料袋的培养成功率最高，其次是 5 ～ 20 升的食用油壶），放在太阳底下晒即可，夏天注意遮阴降温，并每天摇晃塑料袋 2 次（使用优质的菌种则不需要摇动），以防温度过高导致菌种死亡。这样，不需要其他操作，再经数天菌液就长成深红色了。

图 6.5　阳光培养

　　A. 阳光培养的温度

　　培养温度（水温）在 15℃ ～ 40℃ 时，光合细菌均能生长。不同温度下培养成熟的时间不同。

　　① 15℃ ～ 25℃：虽然光合细菌会生长，但生长速度慢，培养初期容易污染杂菌，菌液颜色很浅。

　　② 25℃ ～ 30℃：培养 4 ～ 6 天达到光合细菌生长旺盛期。

　　③ 30℃ ～ 35℃：培养 3 ～ 5 天达到光合细菌生长旺盛期，此温度是光合细菌比较理想的生长温度。

　　当温度超过 40℃ 时，光合细菌无法耐受，会大量死亡。

　　最理想温度（菌液温度）为 28℃ ～ 35℃，菌液质量最好，培养 3 ～ 6 天颜色转为深红色。

B. 培养的光照强度

① 光照强度为 1000 ~ 6000 勒克斯时光合细菌均可生长，培养成熟的时间不同。

② 光照强度低于 1000 勒克斯，光线不足，光合细菌生长速度慢，菌液颜色浅，易污染杂菌。

C. 培养时间

第一次培养光合细菌，可能需要较长的时间（6 天以上）。这是因为菌种需要一个适应当地水源的过程，在不断培养数代，菌种适应了水源后，可能培养 3 ~ 5 天菌液就成熟了。另外，如果菌种放置时间久了，再拿来接种培养的话也需要较久的培养时间。

培养时间还与培养温度、光照强度和 pH 有关。一般来说，温度、光照强度和 pH 越高，培养时间越短；反之，越低则培养时间越长。

D. 菌液的搅拌（摇动）

如果菌种非常好，这一步可以省掉。

光合细菌培养过程中需要搅拌（摇动），作用是帮助沉淀的光合细菌上浮获得光照，保持良好的生长状态。菌液每天至少搅拌（摇动）2 次。每天搅拌（摇动）的次数越多，光合细菌生长得也越快。

E. 菌液是否要完全密封培养

菌液培养瓶最好完全密封。瓶内菌液尽量装满，不然会出现白色膜。

F. 阳光培养的缺点

阳光培养的光合细菌颜色没有室内白炽灯培养得好看、鲜艳。因此，如果是培养光合细菌作为商品出售的话，建议使用室内规模培养法。利用室内规模培养法获得的产品质量更稳定，菌液浓度更高，颜色更好看、更鲜艳，产品性能好。

4）其他培养方法

另外，有养殖者采用如下比较简单的培养方法：如图 6.6 所示，在室外

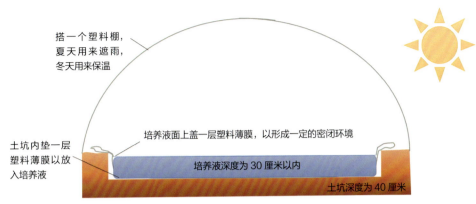

搭一个塑料棚，
夏天用来遮雨，
冬天用来保温

培养液面上盖一层塑料薄膜，以形成一定的密闭环境

土坑内垫一层
塑料薄膜以放
入培养液

培养液深度为 30 厘米以内

土坑深度为 40 厘米

图 6.6　室外大面积自然光扩培示意图

挖一个土坑，深 40 厘米，里面垫一层塑料薄膜用来盛培养液，倒入培养液，接种好菌种，控制培养液的深度在 30 厘米以内，再在液面上铺一层塑料薄膜（可形成一定的密闭环境，防止空气中的杂菌污染），在太阳底下晒数日后菌液变红，冬天则可在土坑上搭一塑料棚保温。也可在室内做一个这样的坑池，搭一塑料棚，棚内再放一火炉保温升温用，每 0.5 平方米悬挂一个 100 瓦白炽灯泡，离液面距离不超过 25 厘米。阳光太强烈时，可以搭盖一层遮阳网。夏天要防止温度过高。

（二）光合细菌扩培关键点

光合细菌扩培（图 6.7）的关键点有以下几个方面。

图 6.7　光合细菌扩培

（1）菌种的来源：一定要使用质量有保证的菌种。

（2）配比准确：在首次开始培养光合细菌且菌种量少的情况下，需要准备一个小型的电子秤来称取培养基，尽量按前面介绍的标准添加量来添加培养基。不要随意调整菌种水和培养基的比例标准，否则会造成培养失败。

（3）水源选择：尽量不要用井水进行扩培，防止部分井水重金属离子超标导致培养的光合细菌直接死亡。尽量用干净的自来水、溪流水或者其他地表水。

（4）光照：要有充足的光照，但是又要注意菌液瓶里面的溶液温度不要超过40℃，哪怕天气气温只有30℃，暴晒下的菌液瓶里面的温度也可能会超过40℃，将菌液瓶泡在水中就可以降温。菌液瓶不可阳光直接暴晒，特别是用2～20千克的透明瓶培养时，一定要搭遮阳网，而且遮阳网和培养物之间至少有1米的空隙。

（5）接种时间：如果是室外阳光培养模式，养殖者必须收看天气预报，有3～4天的晴天才能接种，如果接种后遇到连续阴雨天，那么这批次菌种最终的培养质量可能会不好甚至是培养失败。

（6）室内培养：如果是在室外光照情况不稳定的情况下接种培养，可以使用40～60瓦白炽灯泡室内灯光培养。室内灯光扩培成功以后，转至室外阳光培养。目前看来笔者尝试过的最理想的方案就是搭建40厘米深简易池子。池子最好是水泥池，如果是砖头直接垒的池子，要先铺油布，再铺上透明的尼龙筒膜，然后注水把尼龙筒膜浸泡完全，上面再加遮阳网就可以安全地度过炎热的夏季了。

（7）容器的选择：室内灯光培养推荐使用5升透明油桶，室外阳光培养推荐使用20升透明油桶。

（8）光源一致性：全程坚持采用一种光照方式培养，也就是说要么全部24小时灯光培养，要么全部阳光培养，阳光培养时晚上也不用补光。千万不要白天阳光培养晚上灯光培养，这种混合光照很容易造成培养失败。

（9）光合细菌成熟度：光合细菌是否成熟，可以直接通过观察颜色来判断。开始培养的时候，1份菌种加4份水，菌液变稀薄，颜色会变淡；随着光照时间（至少保证5天）的增加，菌液浓度会越来越大，颜色越来越红，最后接近或者达到初始菌种的颜色和浓度时就代表培养的光合细菌已经成熟。

（三）光合细菌使用常见问题

1.关于光合细菌菌液pH的说明

判断光合细菌的成熟度以及质量好坏，主要是看菌液的颜色和浓度，pH并不作为光合细菌培养质量好坏的评判标准。影响菌液pH高低的因素有以下几个。

（1）一般来说，成熟好的光合细菌菌液pH会在8以上，室内灯光培养菌液的pH高于室外阳光培养的。

（2）菌液pH和水质有关。有的地方的水培养出来的菌液pH很高，而有的地方，哪怕把光合细菌菌液浓度提高到很高，其pH也不会很高。

（3）菌液pH和培养基有关。有的培养基生产厂家刻意宣传pH高能提高养殖收益，为了追求高pH和降低生产成本，会在培养基里面填充较大比例的小苏打，那么这样培养出来的光合细菌菌液pH就会很高，然而事实上pH过高对光合细菌没有正向的增益效果。

2.光合细菌发绿的问题

1）原因

光合细菌发绿的问题多出现在高温强光照的月份，一般多以6、7、8月为高发期，其他月份少发。光合细菌发绿的原因：一是水源含藻类，使用高温季节的井水培养则光合细菌发绿概率高，使用某些地区的自来水也有发绿现象。二是后天藻类污染，自来水等放置时间过长容易产生污染，尽量采用取水现配现取的方式避免此类问题。

2）解决方案

（1）如果使用井水培养，建议更换水源，用自来水培养或者烧开的自来水冷却后使用。

（2）使用室内灯光培养，能降低藻类暴发的概率。

（3）用黑色遮阳网搭建遮阳棚降温，或者把菌液瓶浸泡在浅水池或其他浅的容器内，加满水降温。

（4）加大接种比例，比如按 30 斤菌种加 70 斤水甚至 40 斤菌种加 60 斤水这个比例来接种。

3. 光合细菌变黑的问题

1）原因

大部分光合细菌变黑是由于水体可能存在重金属离子使得光合细菌出现死亡的情况，有少部分变黑是由培养基的添加量过多造成的。

2）解决方案

（1）如果是培养基过多添加造成的发黑，则需要重新培养菌种，按培养要求合理添加培养基即可。

（2）如果是因为使用了含有重金属离子的水源而变黑，则需要更换水源，使用自来水或者干净的地下水及地表水培养。在使用任何水源之前都要先进行少量培养测试，如果光合细菌能正常生长成熟，不出现发黑和沉淀现象，那就说明所用的水源没有问题。水源的稳定性也是菌种培养考量的因素之一。笔者在实践过程中还发现两个奇怪的现象：同样的一口井，前一个月可以正常使用，下个月就不能用于培养了；有时候相隔不远的两口井，一口的井水可以使用，另外一口的井水却不可以使用。因此，使用井水培养光合细菌的时候，一定要先进行少量培养测试，如果没有问题才能进行大量培养。

4. 光合细菌过淡的问题

1）原因

光合细菌过淡是由于菌种接种量过少，培养基不足，菌液 pH 过低或过高，光照不足，温度过低或过高，水的硬度过高。

2）解决方案

将水体因子调节至正常状态，补充光照和培养基。

5.光合细菌变灰的问题

1）原因

光合细菌变灰是由于菌种老化、杂菌过多（菌种不纯）。

2）解决方案

选用优质菌种，按培养要求重新接种。

6.光合细菌的用法及用量

有人也许疑惑，为什么购买的光合细菌产品一亩养殖池只需要用几千克，而自己培养的光合细菌就要多用那么多呢？其实，对于活菌调水，笔者认为不要过于关注说明书中的用量是多少，光合细菌的用量是没有固定的标准的，要根据应用过程中的实际情况来确定用量。比如要根据养殖池的实际水质情况、养殖模式来决定。简单来说，如果是精养池，养殖前期水温不高，投喂不强，光合细菌可以低剂量地使用，同时配合无机肥一起使用，这样既能调出优良水色又能稳定好水色；中后期投喂多，水温高，这时就需要大量使用光合细菌了，而且使用间隔时间不能太长，每隔 3 ~ 5 天就可以用一次，这对后期水质的稳定和浮游生物多样性的维持是非常好的。

第七章

小苗、青年苗养殖常见病症

一、胀气型肠炎

（一）病症简介

胀气型肠炎，又称气泡病，发病原因多是食物不足导致肠胃功能紊乱。发病症状是水蛭体内有气泡，漂在水面上沉不下去，用手挤压水蛭体内，感觉到有气泡，水蛭进食口会有黄色分泌物吐出。患胀气型肠炎的水蛭如图7.1所示。

（二）预防方法

保证食物是活的、新鲜的，保证食物充足；并每隔半个月左右泼洒一次乳酸菌，调节水蛭的肠胃功能。

（三）治疗方法

每亩用5～10千克大蒜（或大蒜素），捣碎或用破壁机打碎，混合池水全池泼洒，2小时后全池泼洒维生素C、多维元素片。一般2天左右症状消失，在此期间不要换水。48小时后如果问题解决了，晚上换掉1/2或2/3的池水，注水时继续泼洒维生素C、多维元素片。第二天进行解毒、改底及培藻培菌。

病情不严重时，可适当减少大蒜的量（4～7.5千克/亩）。

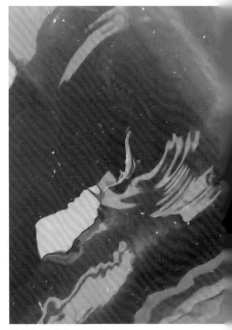

图7.1 患胀气型肠炎的水蛭

二、水肿病

（一）病症简介

　　水肿病多发生在夏、秋季交替时期，昼夜温差变大，水蛭免疫力下降，水中大量低温细菌滋生，导致水蛭发病。发病症状是水蛭全身浮肿，身体被挤压时有大量水从皮肤溢出，水蛭常趴在水底，不进食，该病严重时会导致水蛭死亡。患水肿病的水蛭如图7.2所示。

图 7.2　患水肿病的水蛭

（二）预防方法

　　减少昼夜水温差，增加水循环次数，提前泼洒维生素 C、多维元素片、EM 菌等，调水、稳定水质。出现此病后先全池杀菌，第二天下午排水，晚上干塘晾一晚，第三天上午前注水。此病重点在于预防，水蛭得病后治愈率低，死亡速度缓慢。

　　关于水肿病的预防工作，笔者称之为"大保健"。水肿病的预防方法参照如下。

　　第一天，池水中加入纳米银、抗菌肽、低聚糖。

第二天，加入抗菌肽。

第三天，加入解毒安、底巧（晴天，黑底用氧化型改底产品）。

第四天，加入硅藻活力素、维生素 C（水瘦再加入绿藻和绿藻肥）。

第五天，加入定向硅藻肥、电解多维。

第六天，加入红糖、乳酸菌或 EM 菌。

第七天，加入光合细菌（晴天用）。

后期注意改底，增氧。15 天后可重复以上步骤（第二轮操作消毒时可将纳米银替换成海盐，海盐加入量为 1.5 ~ 2 千克 / 亩）。如果预防措施不到位，水蛭得病后进行如下应急治疗措施：海盐有消毒杀菌、调节渗透压的作用，每亩泼洒 5 ~ 7.5 千克，连续泼洒 2 ~ 3 天，可改善水肿病；另外，定期清理底部环境也可缓解病症。

（三）治疗方法

如果发现池塘内的少量水蛭得了水肿病，可参照以下流程进行治疗。

第一天，池水用二氧化氯消毒。

第二天，加入恩诺沙星、阿莫西林，每亩每米水深 200 克。

第三天，加入三黄散、多维元素片。

第四天，加入恩诺沙星、阿莫西林，每亩每米水深 150 克。

第五天，加入三黄散、激安 C。

第六天，加入恩诺沙星、阿莫西林，每亩每米水深 150 克。

第七天，解毒，改底。

第八天，加入 EM 菌。

第九天，加入芽孢杆菌。

第十天，加入乳酸菌。

以上措施可以降低患病水蛭的死亡概率，但病症严重时治好的概率比较低，轻微病症可以痊愈。

三、身体僵硬、干枯病

　　患身体僵硬、干枯病的水蛭的症状是食欲缺乏，少活动，身体消瘦无力、干瘪、失水萎缩，全身发黑。此病产生的原因多为水体变坏，水环境变化大，水体毒素增加，氨氮、亚硝酸盐含量长期超标，从而使水蛭中毒。此病发病率低，重在预防，要注意水体的日常管理及水质调节，合理安排循环、换水次数。患身体僵硬、干枯病的水蛭如图7.3所示。

图7.3　患身体僵硬、干枯病的水蛭

四、白点病

　　白点病是由小瓜虫引起的疾病。当水蛭体表受伤、机体免疫力弱或水体中大量存在这种小瓜虫时，水蛭可能感染此病。其症状为水蛭体表有白色点状物质，可伴随不同程度的溃疡面。此病不易多发，出现病症后应及时换水，采取消毒杀菌的措施可有效阻断大面积感染。

五、水霉病

（一）病症简介

水霉病症状为水蛭身体表面有一层灰青色绒毛，活动能力弱，停止进食，最后慢慢死掉腐烂。此病是受一种霉菌感染造成的，这种霉菌多是由水源带来或其他水生动物带入，可附着于网箱壁生长。发病率较低。患水霉病的水蛭如图7.4所示。

（二）治疗方法

治疗可采用聚维酮碘溶液和盐消毒杀菌，然后换水解毒。此方法可使病症得到有效控制。

图7.4　患水霉病的水蛭

六、小苗满月后的高发疾病

小苗满月后，当3000尾小苗的重量达到0.5千克时就可分池。分池后的20天内因为生存空间增大，密度减小，食物充足，气温适宜，小苗会有一个高峰生长期。在此期间小苗的个头能翻5倍左右。所以要抓住这一个黄金生长期，因为接下来的高温天气会使水蛭生长速度明显减慢。南方部分地区水温若超过35℃，会影响水蛭成活率。

第一个危险期就是高温期间，要求水温最高不超过35℃，尽快维持在30℃左右，短时间内维持在33℃左右也是可以的。因为水蛭最佳生长水温就是25℃～30℃，超过30℃生长缓慢，超过35℃摄食大大减少，影响生命体征。所以，在高温季节首先要做好防晒工作，必要时直接将井水注入池中，但是注意尽量分多次注入井水，并且选择在白天注水，往水面注水。其次，在此期间减少食物投喂量，从而减轻水体负担。每隔 3 ~ 5 天泼洒一次乳酸菌，每隔 15 天左右换水一次，每隔 5 ~ 7 天改底一次，倒藻后可使用光合细菌分解，大雨后需要进行解毒处理，藻种每隔 7 ~ 10 天补充一次，最大限度地保证水体温度及稳定性。

　　第二个危险期是白露。白露处于夏秋交替季节，昼夜温差变大，水体容易分层，造成底部溶氧量降低，一些厌氧的有害菌大量滋生，导致水蛭发生应激反应，患细菌性疾病。其主要表现为水肿病、身体僵硬等。所以，建议北方地区的养殖者在 8 月底至 9 月初进行水肿病预防工作，笔者称之为水肿病"大保健"。大体流程是水体消毒，解毒改底，水体抗应激，提高水蛭免疫力，培养有益藻、有益菌。建议在此期间每隔 15 天左右进行预防性消毒一次，可用纳米银和抗菌肽或每亩 5 ~ 7.5 千克盐；每隔 5 ~ 7 天补充维生素 C、多维元素片或离子钙；每隔 7 ~ 10 天改底一次，根据情况可使用化学改底；每隔 7 ~ 10 天补充一次硅藻种、藻平衡素。按此操作可有效预防水肿病。

　　第三个危险期就是起塘前 20 天，一般在水温低于 15℃，最低气温稳定低于 10℃，水蛭进食量大大减少，此时可以随时准备起塘。在这段时间里如果气温再度降低，性成熟的水蛭容易产生交配感染及应激死亡现象。因为接近起塘，水蛭个头已达到商品蛭标准，所以养殖者必须每天观察底部伤亡情况。此时，若气温过低，必须培养硅藻水，提高底层溶氧量，稳定水体，并且每隔 5 ~ 7 天预防性消毒一次，建议使用聚维酮碘或二氧化氯；每隔 5 ~ 7 天预防性化学改底一次，生物改底一次；每隔 3 ~ 5 天最少加入一次乳酸菌；每隔 3 ~ 5 天抗应激一次。如果发现水蛭大量伤亡，应及时起塘以减少损失。

第八章

水蛭养殖常用知识

　　水蛭养殖的常用水体指标，是评估水体质量的重要参数，也是关系水蛭产量的重要因素；同时，水体藻菌平衡也是水体生态平衡的关键要素。下面介绍一些养殖技术参数。

一、pH：6.5～8.5

（一）pH过高的危害

　　（1）pH过高则会引起水蛭碱中毒，会腐蚀表皮黏膜组织，导致肠功能障碍甚至坏死。

　　（2）pH过高的环境若再遇到高温的情况就会导致水蛭肌体渗透障碍，诱发气泡病，进而易感病菌或直接导致死亡。

　　（3）pH升高，氨氮、硫化氢毒性加强。在养殖水体中，硫化氢的存在形态主要受水体pH和温度的影响，在酸性条件下以非离子态硫化氢为主，在碱性条件下以离子态硫化氢为主。

（二）pH过高的原因及处理

1. 土质因素

　　（1）沙质土质、石灰质土质：碱性物质含量高，所以池水pH相对较高。养殖者可在调水、肥水的同时使用氨基酸肥水膏络合碱性物质，同时用强力乳酸菌配合调控藻相。

　　（2）老化池塘或含氮、磷、铁有机质等偏多的池塘：肥水前用强力乳酸菌分解消耗掉这些富余营养，以免不良藻类大量繁殖。

2. 水质因素

　　（1）硬度偏低：水的硬度低于7.14毫摩尔/升的池塘容易出现藻相不

稳定，一般白天 pH 偏高，夜晚 pH 偏低。可以通过直接施用熟石灰（4 ~ 5 千克 / 亩）来提高水体硬度。

（2）硬度偏高：水的硬度偏高（不低于 28.57 毫摩尔 / 升）即水体的矿物质含量偏高，如果钙、镁等碱性金属离子偏多，pH 自然会长期处于偏高范围。用"碧水解毒 120"即可。

（3）碱度偏高：碱度偏高表示水体可溶性有机质过多，水体微生物会出现异常繁殖现象。针对这种情况要先用过硫酸氢钾片或底改 1 号（留根生）直接氧化降解部分污染物，再用强力乳酸菌分解剩余污染物。

（4）透明度过高：水体受到强光照晒，光合作用强烈，游离氧过多会导致 pH 持续偏高。针对这种情况可以直接肥水遮光。

（5）地下水源污染：这种情况类似上面的"（2）硬度偏高"与"（3）碱度偏高"，即有的地下水矿物质含量偏高，有的可溶性有机质含量偏高，这些都会导致注水后 pH 偏高。处理方法同上。

3. 生物因素

（1）藻类生长茂盛，光合作用非常强烈，从而使得 pH 持续偏高，可用强力乳酸菌等调理出复杂藻相的水质，使水体的 pH 平稳降低。

（2）有害藻类：如蓝藻、甲藻或隐藻的过度繁殖（水色呈蓝绿或红褐色），会令 pH 变化较大（pH 白天很高，夜晚偏低）。水源好的池塘可适量换水，之后使用强力乳酸菌、调水解毒安来抑制有害藻类的繁殖。

（3）水草：水草大量繁殖也会因光合作用强烈而产生富余游离氧，导致水体 pH 急剧升高。

（4）光合细菌用量不当：若遇到连续晴朗天气，过量使用光合细菌会导致水体光合作用强烈，从而令 pH 持续偏高。针对这种情况可用强力乳酸菌抑制。

4. 药物因素

（1）石灰、氮肥等碱性药物：碱性药物会令池水 pH 持续偏高，可用"碧水解毒 120" 降低 pH。

（2）肥水类产品使用不当：如化肥、不溶解的固体有机肥都会导致藻相的单一或者有害藻类大量生长。针对这种情况，可用强力乳酸菌强效分解消耗药物营养，之后重新补菌培藻。

5. 天气因素

（1）连续高温或升温：这种天气会加强光合作用，与上面的原理和处理方法都相同。

（2）降温：秋冬交替时，水体藻相会从绿藻、蓝藻慢慢转变为硅藻、金藻、甲藻，pH 会逐步升高。针对这种情况，用强力乳酸菌调控即可。

二、氨氮：小于 0.2 毫克 / 升

（一）池塘中氨氮的形成

池塘中的氨氮主要有以下几个来源。

（1）水生动物的排泄物、施加的肥料、残饵、动植物尸体等含有大量蛋白质，被池塘中的微生物分解后形成氨基酸，再进一步分解成氨氮。

（2）当氧气不足时，水体发生反硝化反应，亚硝酸盐、硝酸盐在反硝化细菌的作用下分解而产生氨氮。

（二）氨氮对水蛭的危害

1. 氨氮的中毒机制

氨氮以两种形式存在于水中：一种是氨（NH_3），又叫非离子氨，脂溶性，对水生动物有毒；另一种是铵（NH_4^+），又叫离子氨，对水生动物无毒。

当氨（NH_3）进入水蛭体内时，会直接增加水蛭氨氮排泄的负担。氨氮在血液中的浓度升高，血液 pH 随之相应上升，使得水蛭体内的多种酶活性受到抑制，血液的输氧能力降低使得氧气和废气交换不畅而导致水蛭窒息。

此外，水中氨浓度高还会影响水对水蛭的渗透性，降低内部离子浓度。

2. 氨氮对水蛭的危害

氨氮对水蛭的危害有慢性和急性中毒两种。

慢性中毒的表现：水蛭会出现摄食量降低，生长缓慢等现象，还会引发其他疾病。

急性中毒的表现：水蛭会出现亢奋、抽搐、在水中失去平衡等症状，严重时直接引起死亡。

3. 影响氨氮毒性的因素

总氨态氮：总氨态氮中的非离子氨具有很强的毒性。

pH：每增加一个单位，氨所占的比例约增加 10 倍。

温度：在 pH 7.8 ~ 8.2 内，温度每上升 10°C，氨所占的比例增加 1 倍。

溶氧量：较高溶氧量有助于降低氨氮毒性。

盐度：盐度上升则氨氮毒性升高。

三、亚硝酸盐：小于 0.2 毫克 / 升

如今的水产养殖大多是以高密度池塘养殖为主，一般都会有亚硝酸盐的存在。亚硝酸盐是氨转化成硝酸盐过程中的中间产物。由于残存在池底的残饵、粪便、死藻等分解成有毒性的氨氮，转化为亚硝酸盐，或者没有科学使用化学消毒剂，将硝化细菌等有益微生物杀灭，使亚硝酸盐不能及时被分解，从而造成亚硝酸盐集聚。

亚硝酸盐是水体中氨氮转化为硝酸盐的中间产物。在整个氮素转化过程中，从含氮有机物转化为氨氮需要的时间不长，由多种微生物进行分解完成这个过程：从氨氮转化为亚硝酸盐由亚硝化细菌经过硝化作用完成，亚硝化细菌的生长繁殖速度为 18 分钟一个世代，因此其转化的时间不长；从亚硝酸盐转化为硝酸盐是由硝化细菌进一步通过硝化作用完成，硝化细菌的生

长繁殖速度相对较慢，为 18 小时一个世代，因此由亚硝酸盐转化为硝酸盐的时间就要长很多。

在养殖过程中亚硝酸盐很容易超标，主要原因有以下七个方面。

1. 养殖密度大

养殖密度过大、过量饲料投喂，会造成池塘养殖动物粪便、残饵过多。饲养至中、后期时，饲料投喂量会更大，残饵、粪便等含氮有机物过多，池底形成淤泥过厚，水体溶解氧不足。在浮游植物不足或天气急剧变化时，养殖密度过大会导致水体的溶解氧减少，会出现有利于反硝化作用的条件，当环境中同时出现能量、物质不充足的情况时，反硝化作用进行不彻底会造成亚硝酸盐的积累。

2. 细菌生长繁殖速度不对等

亚硝化细菌、硝化细菌的生长繁殖速度不同，易造成亚硝酸盐积聚。亚硝化细菌的生长繁殖速度为 18 分钟一个世代，先形成种群优势，导致前期亚硝酸盐大量积累，而硝化细菌为 18 小时一个世代。因此，氨氮可以很快转化成亚硝酸盐，而从亚硝酸盐转化为硝酸盐的时间却比较长，一般亚硝酸盐被有效分解需要 7 ~ 10 天，甚至更长时间。

3. 天气骤变

温度对水体的硝化作用有很大的影响，在温度骤变时，硝化作用减弱，会造成亚硝酸盐积累。

4. 浮游植物不足

养殖过程中会产生大量的氨氮、亚硝酸盐、硝酸盐等含氮物质，当浮游植物不足时，这些含氮物质便不能够及时被吸收转化，当溶氧不足时便会导致亚硝酸盐超标。

在春、秋季节，温度变化较大的时候，养殖水体中的浮游植物不足（主要是由于低温、营养不足、天气不好、消毒剂的使用等）引起藻类对氨氮的吸收能力减弱，使得硝化细菌对氨氮负荷加大。如果亚硝酸盐的浓度超过菌群转化亚硝酸盐的能力，就会导致亚硝酸盐的积累。

5.浮游动物过多，造成溶氧量低

过多的浮游动物会消耗大量的溶氧，同时也会摄食水体中更多的浮游藻类，使产氧量降低。当溶氧不足时，亚硝酸盐便容易超标。

6.频繁且超量使用杀虫剂和消毒剂

频繁且超量使用杀虫剂和消毒剂，容易破坏水体生态系统的平衡，会导致水体中浮游植物、微生物数量大大减少，水体自净化能力降低，从而使得亚硝酸盐超标。

7.新建养殖池塘生态系统不稳定

在新建养殖池塘时，会挖去富含微生物的表层土，使得养殖初期池塘中有效微生物缺乏，会出现硝化细菌种群发展不平衡的现象；另外，在池塘换水时过多使用自来水、井水，也会造成亚硝化细菌和硝化细菌两类功能种群的不稳定性，导致养殖初期亚硝酸盐的积累。

解决办法：解毒，净水改底。

四、溶解氧：不低于 5 毫克 / 升

溶解在水中的分子态氧被称为溶解氧。天然水的溶氧量取决于水体与大气中氧的平衡。溶解氧的饱和含量和空气中氧气的分压、大气压力、水温有密切关系。溶解氧是水蛭赖以生存的必备条件之一，直接影响水蛭养殖池塘里的各项指标的变化。

（一）溶解氧的重要性

1.浮游植物对溶氧量的影响

水体中的溶解氧一部分是来源于空气，而大部分是由浮游植物通过光

合作用产生的。浮游植物白天产生氧气，而夜间要消耗氧气，因此会形成水体溶氧量昼夜间的差异，午后到傍晚溶氧量最高，黎明前溶氧量最低。在阴雨天气，浮游植物的光合作用较弱，产生的氧气较少。

2. 水温及天气对溶氧量的影响

春季表层水的温度会随着气温的升高而上升，会出现明显的水温分层现象，这样底层水就容易缺氧。晴朗天气时在风力的影响下，水表层会形成波浪，可增加溶氧量。秋季水温也容易出现分层现象。

3. 排泄物、残饵及生物残骸对溶氧量的影响

池塘中氧气的主要消耗是池水，一般占总耗氧量的50%以上，池底占15%左右。排泄物、残饵及生物残骸长期在池底积累，这些有机物在池底氧化分解，将很快消耗水中大量的溶解氧，使厌氧分解取代氧化分解，会增加池水有机物的耗氧量和水的黏度，进一步导致氧化分解作用不能很好地进行，甚至停止。这时可溶性铵盐和非离子态的氨按一定比例共存于水体中，但两者的比例随水温、pH的变化而不同。另外，缺氧的情况使得弧菌、产气单胞菌等厌氧有害菌大量繁殖，加剧厌氧分解，产生硫化氢等有毒有害物质。

（二）常见的缺氧情况

（1）天气闷热或有大雾等。

（2）底质恶化，发黑、变臭。

（3）水质败坏、混浊等。

五、弧菌数量：每毫升不高于 5000 个

弧菌是一种革兰氏阴性菌和需氧兼性厌氧菌，所以越脏的水体越容易形成弧菌。治理弧菌超标的思路应该是降低水体富营养化程度，改善底部

环境。

弧菌在水中可以存活 1 ~ 3 周。绿弧菌对水蛭有致命性。

（一）弧菌的致病原因

当水蛭体表因天敌等原因受伤或者水质不好导致体表黏滑、保护膜消失时，水蛭被弧菌感染的概率就提高了。

（二）弧菌疾病的预防

预防：定期检测弧菌含量，每毫升超过 5000 个弧菌时采取以下相应措施处理。

（1）调整好水体环境，提高水蛭的抵抗力。

（2）降低水体富营养化程度。

（3）泼洒噬弧菌。

（4）定期进行水体消毒。

（三）弧菌疾病的治疗原则

弧菌疾病的治疗原则为通过消毒切断弧菌的传播途径。

弧菌对目前水产市场上常见的消毒药都非常敏感，二氧化氯、碘等都有非常好的杀灭弧菌的效果。目前推荐新产品纳米银，该产品在杀菌的同时不伤水蛭，不伤藻类，效果较好，关键是可以降低池塘有机物浓度后再消毒，这样处理会得到事半功倍的效果。

许多研究表明，大蒜液对副溶血性弧菌有非常强的杀灭作用。这个也是笔者开发水溶性大蒜素的药理依据。水溶性大蒜素对悬液中副溶血性弧菌作用 30 分钟，杀灭率可达 100%。

（7）原因：水体混浊，透明度较低，水体中的悬浮杂质容易将肥料中的有效成分吸附络合，阻碍藻类的光合作用，从而引起肥水困难。

解决方案：可选用绿水解毒安或晚上换水来澄清水质，提高水体透明度，然后再施肥；在施肥时要配合 EM 菌或芽孢杆菌使用进行肥水，以抑制不良藻类的繁殖生长。

（8）原因：水体中及周围水域缺乏天然藻种，造成肥水困难。

解决方案：人工向水体中补充有益藻种，如引入一部分有藻种的池塘水，或泼洒藻种后再肥水。

（9）原因：施用的肥料中营养元素不全面或搭配比例不合适，容易导致不良水色。

解决方案：若使用氨基酸类肥水膏并配合使用 EM 菌或复合芽孢杆菌等效果不好，可选用含有钾的生物肥料进行肥水。

（10）原因：水体中不良藻类的过度繁殖抑制了有益藻类的生长繁殖。

解决方案：换去表层 10 ~ 20 厘米深的水，再施用配比合理的生物肥料进行肥水。

八、增氧机"三开两不开"的原则

"三开"指晴天下午开增氧机，阴天时次日凌晨开增氧机，连绵阴雨天时半夜开增氧机。"两不开"指傍晚不要开增氧机，阴雨天时下午不要开增氧机。

（一）"三开"

（1）晴天时下午开增氧机。夏、秋季天气炎热，利用增氧机的搅水作用，可打破池塘溶解氧垂直分布不均匀的情况，使上、下层池水对流，把上层浮游植物光合作用产生的大量过饱和氧搅入下层，促使下层有机质分解，以减轻或防止水体缺氧。一般在下午 1～3 点开增氧机较好。

（2）阴天时次日凌晨开增氧机。阴天池塘上层光照强度差，浮游植物产氧量少，池水溶解氧含量不高，而耗氧因子含量相对增加。到了次日凌晨，溶解氧供应不足，这时开机能充分发挥增氧机的曝气和增氧功能，加速水中耗氧气体的散逸并直接增氧，避免池水出现溶解氧低峰值。开机时间掌握在凌晨 3～5 点，一般开机至日出。

（3）连绵阴雨天时半夜开增氧机。连绵阴雨天时，不仅浮游植物光合作用弱，而且风力小，气压低，耗氧大，往往半夜缺氧。半夜开机，能增加溶氧量、缓解缺氧，开机至日出。另外，如水肥等原因可能会造成严重缺氧时，要提早开机，以防止缺氧坏底的情况发生。

（二）"两不开"

（1）傍晚不开增氧机。通常情况下，傍晚时段池塘水溶解氧含量不低，一般不需要开机。若傍晚开机，不仅作用不大，反而会使池塘上、下水层提早对流，提前垂直混合，增大耗氧水层，形成氧债，导致黎明时分水中的溶氧量达最低峰，极易引起水体缺氧，因而傍晚不宜开机。

（2）阴雨天下午不开增氧机 。因为阴雨天光线不足，池水热成层不明显，加之浮游植物光合作用较弱，上层水溶氧量也未饱和，此时开机，不但不能增强下层水的溶氧量，反而降低了上层浮游植物的造氧功能，增加了池塘的耗氧水层，加速了下层水的耗氧速度，极易引起水体缺氧，因而下午开机搅水没有积极意义。

除了"三开两不开"之外，还要注意：在炎热天增氧机的开机时间要长一些，在凉爽天开机时间要短一些。半夜开机时间要长一些，下午开机时间要短一些。风小开机时间要长一些，风大开机时间要短一些。池塘施肥量大时，开机时间要长一些；施肥量少时，开机时间要短一些。此外，开机时间还与池塘里投放水蛭的密度、生长情况等有密切关系，应该根据池塘实际法需要注意水下溶氧量，溶氧量过低也会造成水蛭伤亡，要求溶氧量不低于4毫克/毫升。第二年水温高于12℃后，水蛭复苏，养殖者要开始调节水体，并逐渐投放田螺，按照养殖要求操作。

总之，越冬技术有一定难度，特别是北方地区的养殖周期长、环节多，水蛭死亡率较高，建议养殖者根据情况酌情适量地进行实验性越冬。

十一、水蛭用药

（1）EM 菌冻干粉，可扩培。

（2）乳酵素原装粉，可扩培。

（3）枯草芽孢杆菌 N9。

（4）肥水精华素、硅藻、绿藻定向肥。

（5）噬菌王。

（6）聚维酮碘。

（7）纳米银。

（8）激安 C。

（9）电解多维。

（10）离子钙。

（11）绿水解毒安。

（12）底巧。

（13）臭氧水安。

（14）三黄散。

（15）抗菌肽。

（16）硅藻种。

（17）藻平衡素。

第九章

常见问题解答

一、水蛭养殖一亩地投入多少钱？效益如何？

答：一般池塘框架网箱的模式养殖，第一年每亩总投入 4 万 ~ 6 万元；按照目前技术，每亩水面产出 350 千克，每亩净利润在 3 万元左右，如果养殖者掌握了自己进行产茧孵化的技术，净利润在 4 万元左右。

二、水蛭一年能养几季？

答：如果从产茧、孵化到养成成年苗等流程全部由养殖者自己进行，一年只能养一季；因为冬季天然饵料匮乏，水蛭要冬眠，所以不能再养殖。

三、水蛭吃什么？有人工饲料吗？

答：水蛭吃田螺，小苗开口推荐吃漂螺，目前来讲没有可靠的人工饲料。

四、怎么确定水源能不能养水蛭？

答：只要符合最低水产养殖标准就可以，pH 要求在 6.5 ~ 8.5，氨氮、亚硝酸盐低于 0.01 毫克 / 升。简单来说，只要水蛭等能正常生存就可以。

五、没有河水，只有地下水，可以养水蛭吗？

答：用地下水也可以养，但要多一道工序，即需要有晾晒池。

六、水蛭可以在大棚里养吗？

答：可以，如果棚顶遮挡阳光的话需要注意在水蛭的脱皮期加强补钙。

七、养殖水蛭有没有套养模式？

答：目前深水吊笼养殖模式可以套养花、白鲢鱼和虾，浅水养殖模式可以套养泥鳅。

八、国内哪些地区可以养殖宽体金线蛭？

答：现在全国大部分地区都可以养殖，只要满足水温在 20℃ ~ 30℃，食物充足，生长周期在 4 个月以上就可以。

九、养殖结束后哪里可以回收成年苗？

答：水蛭市场目前一直处于供不应求的状态，药材市场、药厂都可以按市场价回收养成晒干后的水蛭。

十、水蛭养殖的前景如何？

答：随着人类心脑血管疾病的不断增加，从 2000 年以后，水蛭市场需求一直稳步上升，原因是对它的硬性需求；而且目前无相同药效的可替代产品。可以说，未来 10 年水蛭的市场需求还是稳步上升。

十一、水蛭养殖技术目前处于什么阶段？

答：我国的水蛭养殖技术目前处于初级阶段，处于半规模化养殖阶段，投喂天然饵料田螺，疾病方面以预防为主，防治结合。

十二、多久换一次水？一次换多少？

答：一般养殖水体换水次数根据水体情况确定。精养期建议 7 天左右换一次水，一次换整池水的 1/3 或 1/4；分池后建议 15 天左右换一次水，每次换 1/3 或 1/2；遇特殊情况，如大量水蛭因感染细菌死亡，可大量换水。

十三、多久喂一次？一次投喂多少饵料？

答：正常按每亩投放 10 万尾小苗计算，一次投喂 75 ~ 100 千克田螺，3 天左右投喂一次。对于精养期，具体还要根据水蛭的吃食量增减投喂量。

十四、如何清理养殖容器？多久清理一次？

答：目前，只有微循环框架小网箱跟吊笼可以方便清理，推荐每隔 15 ~ 20 天清理一次；对于 100 平方米以内的刀刮布、土工膜，建议每隔 30 天左右清理一次；因为大网箱不方便清理，所以基本养殖过程中采取不清理的方式。

十五、倒藻与处理

所谓倒藻是指养殖水体中的藻类大量或全部死亡，导致水色骤然变清甚至变浊。发生倒藻的池塘往往水面上会漂浮一层死藻（一般呈黄色漂浮物状，也有部分池塘在下风口形成一层"油状膜"）。这种水体往往黏稠度会增大，泡沫多、大，且长时间不易散，有些泡沫呈比较脏的土黄色；同时溶解氧减少，二氧化碳增多，pH下降，而且死亡藻类的分解加大了耗氧量，产生氨氮和亚硝酸盐。

（一）倒藻原因

1. 天气骤变

进入夏季，气温高，阴雨天气多，池塘底部溶解氧含量低，不仅影响藻类的生长，对养殖个体也有很大影响，尤其是连续暴雨天气后，总碱度、pH变化大，容易发生倒藻。

2. 用药不当

使用杀虫剂、消毒类等化学产品过多，使得一些有益微生物被杀死，影响藻类的生长繁殖，造成倒藻。

3. 营养变化

水体缺乏营养，有益藻生长发育缓慢，蓝藻等对水蛭有害的微生物占据优势，容易引发倒藻。

4. 大量换水

池塘大量换水，水蛭发生应激，如果水质差，很可能发生倒藻。

池塘水体中的藻类繁殖过快引发其快速死亡；因连续高温，气温、水温骤变，暴雨引起的水体分层和盐度骤变等，引发藻类大批死亡。

（二）倒藻危害

1. 缺氧，有害微生物大量繁殖

如果藻类大量死亡，其光合作用受到影响，同时分解死亡藻类需要消耗大量氧气，水体中的溶解氧减少，养殖个体会严重缺氧，影响生存，此时有害微生物，尤其是弧菌，在厌氧环境中大量繁殖。

2.氨氮、亚硝酸盐超标

藻类吸收池水中的氨氮、亚硝酸盐。如果藻类大量死亡，氨氮、亚硝酸盐无法被正常吸收，易造成其指标超标。有毒藻倒藻还会产生藻毒素，使养殖个体中毒，引起死亡。

3.水体混浊

藻类大量死亡，水体中的悬浮物（有机质、粪便、死藻等）不能沉降，使水体混浊。倒藻后水体表面如图9.1所示。

图 9.1 倒藻后水体表面的状况

（三）倒藻后处理

正确步骤是在晴天的上午解毒、改底，次日根据情况适当换水，重新进行培藻培菌。

（四）如何预防倒藻

养殖者要时刻关注池塘的各项指标，确保：氨氮含量小于 0.3 毫克 / 升，亚硝酸盐含量小于 0.1 毫克 / 升，pH 保持在 7.0 ~ 8.5，溶解氧含量大于 5 毫克 / 升。同时关注天气预报，防止因天气变化导致水体环境发生剧烈变化。养殖者可以定期用显微镜观察藻类数量和种类。

（五）关于藻相稳定

1. 藻相稳定标准

藻相稳定是指从生物种类的数量到水质指标的全面稳定。

（1）有益藻种优势种类数量稳定。如可选择绿藻和硅藻为主的藻类进行定向培养，使其成为优势种类。

（2）藻类生物量稳定。

（3）绿藻透明度在 30 厘米左右，硅藻透明度在 40 ~ 50 厘米。

（4）水质指标稳定，pH 7.0 ~ 8.5，氨氮含量小于 0.2 毫克 / 升，亚硝酸盐含量小于 0.1 毫克 / 升，溶解氧大于 5.0 毫克 / 升。

2. 藻相稳定对养殖的意义

（1）可以对池塘增氧，有利于维持生态平衡。

（2）有利于吸收氨氮、亚硝态氮和细菌代谢的中间产物有机酸，吸附重金属离子，改善水质。

（3）抑制病原菌的繁殖，提高水蛭免疫力。

（4）补全生物链的中间环节。

3. 稳定方法

（1）保持藻、肥、菌之间的平衡。

（2）通过藻类的透明度判断（绿藻 30 厘米，硅藻 40 ~ 50 厘米）。

（3）藻类的透明度过低时，用菌加肥（菌多肥少）；中后期藻类老化时再补藻。

老池塘的扩培藻种用量加倍，如果底质不好需先改底，开增氧机、开循环水。

十六、藻类的定向培养

关于藻类的定向培养这个问题，笔者可以肯定地说，完全可以做到。池塘藻类的定向培养可以采取一定的培养模式。

任何一种藻类生长成为优势种，都需要一定的条件：首先是藻种，其次是这个藻种生长所需要的营养物质，另外还有这个藻种所需要的培养条件，温度、光照等缺一不可。

方法：池塘的情况非常复杂。通常来说一个池塘中有多种生物，要想培养某种生物为优势种，首先要对池塘进行清塘、对水体进行消毒，避免有害生物进入水中影响定向培养的藻类繁殖。清塘后要对所用的药物进行有针对性的解毒，根据所用的清塘药品而选择所使用的解毒产品。

池塘外定向培养时，要根据当地的环境条件和养殖的具体需要选择藻种，选择能够适应当地条件的对环境适应能力强的容易培养的藻种，并且这个藻种对水蛭养殖是有益的。根据以往的经验给出以下建议：在低温季节选择的藻种以硅藻为主，绿藻为辅；在高温季节硅藻、绿藻各占一半；在春、秋季以绿藻为主，硅藻为辅。图9.2显示绿藻水色，图9.3显示硅藻水色，图9.4显示绿藻和硅藻复合水色。

实验证明，分别按不同比例的藻种配制成的复合藻所呈现的颜色各不相同，在培养过程中，可以按照培养需求添加不同的营养剂进行藻种培养。在此，笔者给出以下建议：养殖前期可以添加氨基酸类营养物质，中后期需要施加定向肥料，防止有害藻类及青苔的滋生。

图9.2　绿藻水色

图9.3　硅藻水色

图9.4　绿藻和硅藻复合水色

在苗种好的前提下，水蛭养殖的关键是养水和养殖模式，两者同样重要。很多初级养殖者只注重水的质量而忽略了养殖模式，从而在养殖过程中困难重重。好的养殖模式是根据水蛭的生活习性、自身特点而制定的，所以选择好的养殖模式便成功了一大半。而且好的养殖模式可以减少人工支出，便于日常管理，更适合规模化养殖。

在日常精养小苗及青年苗时期，还会碰到天气变化、水体变化、人为干扰造成的其他情况。建议广大养殖者有机会先到有技术的水蛭基地跟踪实践学习，将理论与实践相结合，学到真本事。切记不要听信"包治百病"的各种药品、不切实际的高产效益。只有好的调水技术加上先进的养殖模式，才能达到最终的高产。

目前，笔者强烈推荐新手养殖者精养水蛭时采用微循环框架网箱，满月分池后用吊笼养殖，这是目前对于新手来说养殖成活率最高的模式。至于刀刮布模式，在笔者看来是最后的选择。当然，如果是老养殖者，掌握了丰富的调水技术，那么采用刀刮布模式也可以获得很高的产量。所以，养殖者要理论结合实践，有机会还是实践一下，以便能够更快地掌握养殖技术，从而减少不必要的损失。

近几年，新品种苗种培育也在陆续开展中。笔者对南北方水蛭杂交 4 代以上的实践培育已经有重大的突破，新品种拥有南方苗的个头及生长速度，同时拥有北方苗抗病能力强的优点，产量已经有了质的飞跃。笔者认为，在未来的 3~5 年，水蛭养殖行业在优选苗种及养殖产量方面会有翻天覆地的变化。在这里，祝愿所有养殖者突破障碍，早日成功！祝水蛭养殖行业健康蓬勃发展！